Lecture Notes in Mathematics

A collection of informal reports and seminars
Edited by A. Dold, Heidelberg and B. Eckmann, Zürich

Series: Institut de Mathématique, Université de Strasbourg

77

Paul-André Meyer
Université de Strasbourg

Processus de Markov: la frontière de Martin

1968

Springer-Verlag Berlin Heidelberg GmbH

Library of Congress Catalog Card Number 68-58991. Title No. 3683

ISBN 978-3-540-03901-3 ISBN 978-3-540-34969-3 (eBook)
DOI 10.1007/978-3-540-34969-3

TABLE DES MATIÈRES

(*) Une application supplémentaire des résultats du §2 est donnée en appendice (p.47 : T50). Ne pas l'omettre.

PROCESSUS DE MARKOV

LA FRONTIÈRE DE MARTIN

Ce qui suit est un cours fait en 1967-68 à l'Université de Strasbourg, d'après le remarquable article de H.KUNITA et T.WATANABE Mar--kov processes and Martin Boundaries I (Illinois J. of M., 9, 1965, p.485-526 (*)). Les résultats essentiels sont empruntés à cet article, mais les démonstrations en sont assez souvent modifiées de manière profonde. Par exemple, j'ai utilisé librement le théorème de CHOQUET sur les représentations intégrales dans les cônes convexes, ainsi qu'un résultat de HUNT qui permet d'obtenir directement, sans aucune peine, le théorème de représentation intégrale des potentiels. D'une façon générale, les méthodes utilisées sont moins "élémentaires" que celles de KUNITA-WATANABE.

Les références du type " IV.T45" renvoient au livre Probabilités et Potentiel , ou au volume Processus de Markov qui y fait suite (Lecture Notes, n°26, 1967) et qui suit le même système de numérotage. En revanche, une référence du type " Chap.IV, T45" (précédée de Chap!) renvoie au chapitre IV du cours lui même.

P.A.Meyer

Entre la première rédaction de ce cours, et celle-ci, j'ai eu connaissance de la thèse de Doctorat de H.FÖLLMER Feine Topologie am Martinrand eines Standardprozesses (Erlangen, 1968), où les principaux résultats nouveaux de ce cours, relatifs à la topologie fine à la frontière, sont démontrés indépendamment. Voir aussi un article récent de M.G. SHUR sur la frontière de Martin (Teoriia Veroiatnostei, 1968, 170-175), qui se place sous des hypothèses plus générales que celles de KUNITA-WATANABE.

(*) J'ai eu aussi l'occasion d'utiliser un autre article des mêmes auteurs : On certain Reversed Processes and their Applications to Potential theory and Boundary theory, J. Math.Mech., 15, 1966, 393-434).

CHAPITRE I. COMPLÉMENTS SUR LES FONCTIONS EXCESSIVES

§1 . Un théorème de HUNT

1 HYPOTHÈSES DE CE PARAGRAPHE.- Nous supposons que le semi-groupe fondamental (P_t) satisfait aux "hypothèses droites" : il admet une réalisation dont les trajectoires sont continues à droite, telle que les fonctions p-excessives $(p \geqq 0)$ soient presque-boréliennes et p.s. continues à droite sur les trajectoires. Cela entraîne la propriété de Markov forte (chap.XIV, T11). De plus, nous supposerons que le noyau potentiel U du semi-groupe est "propre" au sens précis suivant :

si K est compact dans E (l'espace d'états), la fonction $U(.,K)$ est partout finie.

On a alors le résultat suivant, dû à HUNT (Markov processes and potentials I , Illinois J. of Maths , t.1 , 1957 : th. 6.6, p.75) qui jouera dans la suite un rôle assez crucial.

T2 THÉORÈME.- Soit u une fonction excessive, et soit A un ouvert (resp. un ensemble presque-borélien finement ouvert). Alors $P_A u$ est limite d'une suite croissante de potentiels bornés Uf_n, où chaque f_n est positive, bornée, nulle hors d'un compact de A (resp. nulle hors de A) .

DÉMONSTRATION.- Choisissons une suite de potentiels bornés $u_n = Ug_n$ $(g_n \geqq 0)$ qui converge en croissant vers u (IX.T64). Soit (A_n) une suite croissante d'ouverts relativement compacts de A, de réunion A . Dans le second cas, où A est presque-borélien finement ouvert, nous prendrons $A_n = A$ pour tout n. On pose $\phi_n = n.I_{A_n}$.

Posons $W = \Omega \times \mathbb{R}_+$, muni de la loi produit de $\underset{\sim}{P}$(*) par une loi exponentielle de paramètre 1. Posons,

$$A_s^n(\omega) = \int_0^s \phi_n \circ X_t(\omega)\, dt \quad ; \quad M_s^n(\omega) = \exp(-A_s^n(\omega))$$

et, si $w = (\omega, t) \in W$

$$R_n(w) = \inf \{ s : -\log M_s^n(\omega) > t \}$$

(bien entendu, $-\log M_s^n = A_s^n$ dans le cas qui nous occupe, mais on sait que cette construction peut être faite à partir d'une fonctionnelle

(*) $\underset{\sim}{P}$ désigne ici, bien entendu, une loi de la forme $\underset{\sim}{P}^{\mu}$

multiplicative (M_s) quelconque) . Lorsque n augmente, ϕ_n croît, et donc R_n décroît. Il est facile de calculer l'opérateur sous-markovien P_{R_n}

$$P_{R_n} g = \underset{\sim}{E}^{\cdot}[\int_0^{\infty} g\circ X_t M_t^n \, dA_t^n] \quad (\text{ g universellement mesurable positive }) .$$

LEMME .- Lorsque $n \to \infty$, on a p.s. $R_n \downarrow T_A$ (*) , $P_{R_n} u_m \uparrow P_A u_m$ pour tout m, et $P_{R_n} u \uparrow P_A u$.

DÉMONSTRATION.- Il suffira de traiter le premier point : le reste est une application de la continuité à droite des fonctions excessives sur les trajectoires et du th. de Lebesgue, suivie d'une interversion de sup). Tout d'abord, on a $-\log M_s^n = 0$ pour $s<T_A$, donc $R_n \geq T_A$. Ensuite, si $T_A(\omega)<\infty$, tout intervalle $]T_A(\omega),T_A(\omega)+\varepsilon[$ contient un t tel que $X_t(\omega)\in A$ - donc tel que $X_t(\omega)\in A_n$ pour n assez grand. $]T_A,T_A+\varepsilon[$ contient alors un intervalle sur lequel la trajectoire reste dans A_n , et il en résulte

$$\int_{T_A}^{T_A+\varepsilon} \phi_n\circ X_t \, dt \to \infty$$

donc $\lim_n R_n(\omega,t) \leq T_A(\omega)+\varepsilon$, et le résultat.

Le théorème 2 sera établi si nous montrons que $P_{R_n} u_n$ est le potentiel d'une fonction bornée nulle hors de A_n. Voici d'abord un lemme général :

T3 LEMME.- Soit A une fonctionnelle additive (positive, finie) continue. Considérons les noyaux définis par

$$Wg=\underset{\sim}{E}^{\cdot}[\int_0^{\infty} g\circ X_t \, dA_t] \; ; \; Vg=\underset{\sim}{E}^{\cdot}[\int_0^{\infty} g\circ X_t \, e^{-A_t}dt] \; ; \; P_R g=\underset{\sim}{E}^{\cdot}[\int_0^{\infty} g\circ X_t e^{-A_t} dA_t]$$

(pour g universellement mesurable ≥ 0). On a alors $P_R U=WV$.

DÉMONSTRATION.- Il suffit de montrer que $P_R Uf=WVf$ lorsque f est une fonction borélienne ≥ 0 dont le potentiel est fini (continue à support compact, par exemple). Alors

$$WVf = \underset{\sim}{E}^{\cdot}[\int_0^{\infty} dA_s \int_0^{\infty} f\circ X_t\circ\theta_s \, e^{-A_t\circ\theta_s} dt]=\underset{\sim}{E}^{\cdot}[\int_0^{\infty} dA_s \int_s^{\infty} f\circ X_u \frac{e^{-A_u}}{e^{-A_s}} du]$$

(*) Nous commettons un abus de langage usuel dans ce genre de questions : cela signifie $R_n(\omega,t) \downarrow T_A(\omega)$, etc.

$$= \underset{\sim}{E}^{\bullet}[\int_0^{\infty} e^{A_s}dA_s \int_s^{\infty} f \circ X_u \; e^{-A_u}du \;] = \underset{\sim}{E}^{\bullet}[\int_0^{\infty} f \circ X_u \; e^{-A_u}du \int_0^u e^{A_s}dA_s]$$

$$= \underset{\sim}{E}^{\bullet}[\int_0^{\infty} f \circ X_u \; e^{-A_u}(e^{A_u}-1)du] = Uf - Vf$$

(toutes ces égalités sont des applications du théorème de Fubini, sauf la première ; celle ci repose sur VII.T15 et la propriété de Markov forte : on a pour tout temps d'arrêt T

$$Vf \circ X_T \cdot I_{\{T<\infty\}} = \underset{\sim}{E}[(\int_0^{\infty} f \circ X_t \circ \Theta_T \; e^{-A_t \circ \Theta_T}dt)I_{\{T<\infty\}}] \qquad)$$

Un calcul analogue, mais plus classique, montre que $P_R Uf = Uf - Vf$ (cette égalité est due à HUNT . Pour plus de détails, voir MEYER, Ann.Inst. Fourier, XII, 1962, p.144).

FIN DE LA DÉMONSTRATION DU TH.2.- Appliquons le lemme précédent en prenant comme fonctionnelle additive $A_t^n = \int_0^t \phi_n \circ X_s \; ds$, à laquelle nous associons comme ci-dessus des noyaux P_{R_n}, W_n, V_n ; nous avons posé plus haut $u_n = Ug_n$, donc $P_{R_n} u_n = W_n V_n g_n$. Mais le noyau W_n se calcule aussitôt : $W_n g = U(\phi_n g)$, donc ici $P_{R_n} u_n = U(\phi_n \cdot V g_n)$.

D'après le premier lemme, $P_{R_n} u_n$ croît avec n, et on vérifie aussitôt que sa limite est $P_A u$. D'autre part, $V g_n \leqq U g_n = u_n$ est bornée, et ϕ_n est bornée nulle hors de A_n. Cela achève la démonstration.

§2. Un théorème de BLUMENTHAL et GETOOR

HYPOTHÈSES DE CE PARAGRAPHE.- Comme au §1 , les " hypothèses droites" et le fait que le noyau U est propre (nous n'aurons pas besoin du fait que U(.,K) est borné si K est compact). A la fin du paragraphe, nous supposerons que le semi-groupe est standard.

Le théorème suivant est une version du théorème du balayage de HUNT, due à BLUMENTHAL-GETOOR. Comme la démonstration du théorème du balayage est très longue, nous renverrons au chap.XV, n°s 19-23, et nous nous bornerons à indiquer les modifications qu'il convient d' apporter à ce texte.

T4   THÉORÈME.- Les propriétés suivantes sont équivalentes
   a) Pour tout ensemble presque-borélien $A \subset E$, toute loi initiale μ

qui ne charge pas $A\setminus reg(A)$, *il existe une suite décroissante d'ensembles presque-boréliens finement ouverts* A_n *contenant* A, *tels que* $T_{A_n}\uparrow T_A$ $\underset{\sim}{P}^\mu$-*p.s.* .

a') *Même énoncé que* a), *pour un ensemble* A *totalement effilé* (*i.e. tel que* $\underset{\sim}{E}^{\cdot}[\exp(-T_A)]$ *soit majoré sur* A *par une constante* $\eta<1$)

b) *Pour tout ensemble presque-borélien* $A\subset E$, *toute loi* μ *qui ne charge pas* $A\setminus reg(A)$, *toute fonction* u *p-excessive* ($p\geqq 0$), *on a*

$$< \mu,\ P_A^p u > = \inf <\mu,v>$$

v *parcourant l'ensemble des fonctions* p-*excessives qui majorent* u *sur* A.

DÉMONSTRATION.- Montrons que b) => a). Prenons $p>0$, $u=1$: $P_A^p u$ est le p-potentiel d'équilibre e_A^p. Choisissons une suite décroissante (v_n) de fonctions p-excessives majorant 1 sur A , telle que $<\mu,P_A^p u> = \inf_n <\mu,v_n>$, et posons $A_n = \{v_n > 1-\frac{1}{n}\}$: les A_n forment une suite décroissante d'ensembles presque-boréliens finement ouverts contenant A, et T_{A_n} croît avec n . Pour montrer que la limite de T_{A_n} est $\underset{\sim}{P}^\mu$-p.s. égale à T_A , il suffit de montrer que $\lim_n <\mu,e_{A_n}^p> \leqq <\mu,e_A^p>$; mais la relation $v_n \geqq 1-\frac{1}{n}$ sur A entraîne $v_n \geqq (1-\frac{1}{n})e_{A_n}^p$, donc $\lim_n <\mu,e_{A_n}^p> \geqq \lim_n <\mu,v_n>$, et le résultat.

Il est clair que a) => a'). Nous allons reprendre la démonstration du théorème du balayage, pour montrer que a') => b).

Le lemme XV.19, tout d'abord, reste vrai sans modification : il s'agit d'un résultat facile, et nous n'en rappellerons pas l'énoncé. Le lemme XV.20 subsiste aussi, mais la démonstration qui en est donnée utilise l'absence de temps de discontinuité dans la famille de tribus d'un processus de HUNT. Cette propriété n'est plus satisfaite ici, et nous devons en donner une autre démonstration :

T5 LEMME.- *Soit* A *un ensemble presque-borélien, et soit* (T_n) *une suite croissante de temps d'arrêt qui converge vers* T_A. *On a* $\lim_n e_A^p\circ X_{T_n} = 1$ *p.s. sur l'ensemble* $\{ T_n<T_A$ pour tout n, $T_A<\infty \}$.

DÉMONSTRATION.- Posons $Y_t = e^{-pT_A} I_{\{t\geqq T_A\}} + e^{-pt}e_A^p\circ X_t\, I_{\{t<T_A\}}$. On

vérifie aussitôt (la vérification est faite explicitement au n°
XV.20 !) que (Y_t) est une version continue à droite de la martin-
gale $(\underset{\sim}{E}[e^{-pT_A}|\underline{\underline{F}}_t])$; cette martingale étant bornée par 1, la limite
$h=\lim_n Y_{T_n}$ existe p.s., et on a $\underset{\sim}{E}[h]=\underset{\sim}{E}[Y_\infty]$. D'autre part, la limite $k=\lim_n e^p_A \circ X_{T_n}$ existe p.s. sur $\{T_A<\infty\}$, et vaut au plus 1. Or
on a

$$\underset{\sim}{E}[Y_\infty] = \underset{\sim}{E}[e^{-pT_A}]=\underset{\sim}{E}[h]=\underset{\sim}{E}[e^{-pT_A} I_{\{\exists n\,:\,T_n=T_A\}}] +$$

$$+ \underset{\sim}{E}[e^{-pT_A}.k.I_{\{T_n<T_A \text{ pour tout } n,\ T_A<\infty\}}]$$

(noter que $h=0$ sur $\{T_A=\infty\}$). La fonction $e^{-pT_A}I_{\{..\}}+e^{-pT_A}kI_{\{..\}}$ qui
intervient après le dernier signe = est majorée par e^{-pT_A} puisque
$k\leq 1$, et a la même espérance que e^{-pT_A} : il en résulte qu'elle est
égale p.s. à e^{-pT_A}, ce qui entraîne que $k=1$ p.s. sur $\{\forall n,T_n<T_A<\infty\}$,
d'où le lemme.

Passons maintenant au lemme XV.21, dont nous rappelons l'énoncé :

LEMME.- <u>Soit</u> A <u>un ensemble presque-borélien, et soit</u> μ <u>une loi qui ne</u>
<u>charge pas</u> $A\setminus\text{reg}(A)$. <u>Il existe alors une suite décroissante</u> (H_n)
<u>d'ensembles presque-boréliens contenant</u> A, <u>possédant les propriétés</u>
<u>suivantes</u> :

1) <u>Tout point de</u> H_n <u>est régulier pour</u> H_n.

2) <u>Pour</u> $\underset{\sim}{P}^\mu$-<u>presque tout</u> ω <u>tel que</u> $T_A(\omega)<\infty$, <u>on a</u> $T_{H_n}(\omega)=T_A(\omega)$
<u>pour</u> n <u>suffisamment grand</u>.

La démonstration est identique à celle des <u>Processus de Markov</u> ,
à cela près que les ensembles ouverts G_{km} de celle-ci doivent être
remplacés par des ensembles <u>finement</u> ouverts, dont l'existence résulte de a'), les ensembles A_k du début de la démonstration étant
totalement effilés. Il est intéressant de remarquer que les fonctions $v_n=e^p_{H_n}$ forment une suite décroissante de fonctions p-excessives,
majorant 1 sur A, telles que $\langle\mu,e^p_A\rangle = \inf_n \langle\mu,v_n\rangle$: d'après un raisonnement fait plus haut, cela entraîne a), et nous venons donc de
prouver l'équivalence de a) et a') sans utiliser b) dans toute sa
force.

Nous laisserons maintenant le lecteur achever la démonstration : il n'y a plus rien d'essentiel à changer au raisonnement de XV.22, si ce n'est de remplacer partout ε_x par μ, puisque nous cherchons un résultat un peu plus précis.

Voici à présent le théorème de BLUMENTHAL et GETOOR que nous avions en vue . Nous utiliserons dans la suite, non pas le théorème du balayage, mais le fait que tout semi-groupe standard satisfait à (a) (voir le chapitre III, démonstration de T9).

T6 THÉORÈME .- Tout semi-groupe standard satisfait à la propriété (a'), et donc à la propriété (a). (Il satisfait donc aussi à (b) si le noyau U est propre).

DÉMONSTRATION.- Pour tout ensemble presque-borélien $A \subset E$, nous poserons

$$C(A) = \underset{\sim}{E}^{\mu}[e^{-T_A}]$$

et nous désignerons par $\underline{\underline{H}}$ l'ensemble des A tels que $C(A)=\inf C(G)$, G parcourant l'ensemble des ouverts fins presque-boréliens contenant A. Nous voulons montrer que l'on a $A\in\underline{\underline{H}}$ si A est totalement effilé et $\mu(A)=0$. Avant de prouver cela, nous aurons besoin de trois lemmes.

LEMME A.- Soit (A_n) une suite d'éléments de $\underline{\underline{H}}$; on a $\bigcup_n A_n \in \underline{\underline{H}}$.

En effet, choisissons pour chaque A_n un ouvert fin G_n contenant A_n, tel que $C(G_n) \leq C(A_n) + \varepsilon/2^{n+1}$. Alors (d'après la sous-additivité forte des réduites : cf. XV.T5)

$$C(\bigcup_n G_n) - C(\bigcup_n A_n) \leq \sum_n [C(G_n)-C(A_n)] \leq \varepsilon .$$

LEMME B.- Si A est tel que $\mu(A)=0$ et que $\underset{\sim}{P}^{\mu}\{T_A<\infty\}=0$, on a $A\in\underline{\underline{H}}$.

Posons $\phi=E^{\cdot}[e^{-\zeta}]$ (ζ désigne comme d'habitude la durée de vie) ; ϕ est une fonction 1-excessive, et $E=\{\phi<1\}$. D'après le lemme A, on peut se borner à traiter le cas où A est contenu dans un ensemble de la forme $\{\phi<\eta\}$, où $\eta<1$.

Rappelons que la fonction d'ensemble $B \mapsto \underset{\sim}{E}^{\mu}[\exp(-D_B \wedge \zeta)]$ est continue à droite, pour B presque-borélien, du fait que le processus est standard (cf. la démonstration de XV.T5). Il existe donc une suite décroissante d'ouverts G_n contenant A, telle que $D_{G_n} \wedge \zeta$ ($=T_{G_n} \wedge \zeta$) croisse $\underset{\sim}{P}^{\mu}$-p.s. vers $D_A \wedge \zeta$ ($=\zeta$ $\underset{\sim}{P}^{\mu}$-p.s.) . Soit $J_n = G_n \cap \{\phi < \eta\}$; J_n est finement ouvert, contient A, et le lemme sera établi si nous montrons que $T_{J_n} \to \infty$ $\underset{\sim}{P}^{\mu}$-p.s. . Comme $T_{J_n} \wedge \zeta \to \zeta$ p.s., tout revient à montrer que l'ensemble $L = \{\lim_n T_{J_n} = \zeta < \infty\}$ est de probabilité nulle. Mais on a $T_{J_n} < \zeta$ sur $\{T_{J_n} < \infty\}$, et T5 entraîne que $\lim_n \phi \circ X_{T_{J_n}} = 1$ p.s. sur l'ensemble L, ce qui n'est compatible avec l'inégalité $\phi \circ X_{T_{J_n}} \leqq \eta$ sur $\{T_{J_n} < \infty\}$ que si $\underset{\sim}{P}^{\mu}(L) = 0$.

LEMME C.- <u>Si</u> A <u>est tel que</u> $\mu(A)=0$, <u>et que</u> $P_t 1 \underset{t \to 0}{\longrightarrow} 1$ <u>uniformément sur</u> A, <u>on a</u> $A \in \underline{\underline{H}}$ (Nous écrivons comme d'habitude $P_t 1$ au lieu de $P_t(I_E)$).

DÉMONSTRATION.- Soit $\varepsilon > 0$, et soit $s > 0$ tel que $P_s 1 > 1-\varepsilon$ sur A. Posons $C = \{ P_s 1 > 1-\varepsilon \}$: $P_s 1$ étant une fonction excessive, C est finement ouvert et contient A. Choisissons, comme dans la démonstration précédente, une suite décroissante (G_n) d'ouverts contenant A telle que $T_{G_n} \wedge \zeta$ croisse $\underset{\sim}{P}^{\mu}$-p.s. vers $T_A \wedge \zeta$ ($=D_A \wedge \zeta$ $\underset{\sim}{P}^{\mu}$-p.s. puisque μ ne charge pas A), et posons $J_n = G_n \cap C$; J_n est finement ouvert, contient A, et nous avons

$$\begin{aligned} \lim_n C(J_n) - C(A) &= \underset{\sim}{P}^{\mu}\{ \lim_n T_{J_n} = \zeta < \infty \} \\ &\leqq \lim_n \underset{\sim}{P}^{\mu}\{ T_{J_n} < \infty ,\ \zeta < T_{J_n} + s \} \\ &= \lim_n \underset{\sim}{P}^{\mu_n}\{\zeta < s\} \\ &= \lim_n \int \underset{\sim}{P}^{x}\{\zeta < s\}\ \mu_n(dx) \end{aligned}$$

où μ_n est la loi de $X_{T_{J_n}}$ sur E ($\mu_n(U) = \underset{\sim}{P}^{\mu}\{T_{J_n} < \infty, X_{T_{J_n}} \in U\}$ pour tout borélien $U \subset E$) . Mais cette loi est portée par l'adhérence fine de J_n , et si x appartient à cette adhérence on a $\underset{\sim}{P}^{x}\{\zeta < s\} = 1 - P_s 1^x \leqq \varepsilon$. Par conséquent on a $C(J_n) < C(A) + 2\varepsilon$ pour n assez grand, et le lemme est établi.

DÉMONSTRATION DE T6.- Supposons que A soit totalement effilé, et que $\mu(A)=0$. Rangeons en une suite (T_n) de temps d'arrêt les instants successifs de rencontre de A (XV.T31), et désignons par ν la mesure bornée sur E définie par

$$\nu(f)= \underset{\sim}{E}^{\nu}[\sum_n 2^{-n} f\circ X_{T_n}] \quad (f \text{ borélienne} \geq 0 \text{ sur } E)$$

Comme $P_t 1 \underset{t\to 0}{\longrightarrow} 1$ partout sur E, le théorème d'Egorov permet d'écrire $A=A_0 \cup \bigcup_1^\infty A_n$, où A_0 est ν-négligeable, et où $P_t 1 \to 1$ uniformément sur chaque A_n (n>0). On a alors $A_0 \in \underline{\underline{H}}$ d'après le lemme B, $A_n \in \underline{\underline{H}}$ pour n>0 d'après le lemme C, donc $A \in \underline{\underline{H}}$ d'après le lemme A. Le théorème est prouvé.

§3.- Fonctions harmoniques et potentiels

HYPOTHÈSES DE CE PARAGRAPHE .- Les hypothèses du §1 , et nous supposons en plus que les trajectoires de la réalisation canonique de (P_t) sont p.s. bornées sur tout intervalle compact de $]0,\zeta[$. Cette hypothèse est satisfaite en particulier si le semi-groupe est standard (car alors X_{t-} existe et appartient à E pour tout $t<\zeta$).

FONCTIONS INVARIANTES ET PUREMENT EXCESSIVES

D7 DÉFINITION.- Nous dirons qu'une fonction universellement mesurable positive f sur E est invariante si elle est finie presque partout (i.e., sauf sur un ensemble de potentiel nul) et si $pU_p f=f$ pour tout p>0 . Nous dirons qu'une fonction excessive u , finie presque partout, est purement excessive si 0 est la seule minorante invariante de u.

Ces définitions sont légèrement différentes de celles du chap. IX. Nous ne nous intéresserons dans la suite qu'aux fonctions excessives finies presque partout (et donc quasi-partout : cf.XV.T27). Une fonction invariante au sens de D7 est évidemment excessive.

Les fonctions purement excessives étaient aussi appelées potentiels au chap.IX. Cette terminologie est à rejeter ici, le mot potentiel ayant un autre sens (et même plusieurs autres !).

Voici une première " décomposition de RIESZ" très simple :

T8 THÉORÈME.- Soit u une fonction excessive finie pp ; $pU_p u$ tend alors en décroissant, lorsque $p \to 0$, vers une fonction surmédiane v. La régularisée excessive w de v est égale à v en tout point où v est finie (donc qp) ; w est la plus grande minorante invariante de u, et on a u=w+p, où p est une fonction purement excessive. Cette décomposition de u en une fonction invariante et une fonction purement excessive est unique.

DÉMONSTRATION.- On sait que $pU_p u$ croît lorsque p croît : cela entraîne l'existence de v . Plaçons nous en un point x où v est finie : u est alors intégrable pour $\varepsilon_x U_p$ si p est assez petit. A fortiori, $U_q u \leq \frac{u}{q}$ est intégrable pour $\varepsilon_x U_p$, et comme on peut intervertir on en déduit que $U_p u$ est intégrable pour $\varepsilon_x U_q$ si p est assez petit. Le théorème de Lebesgue donne alors en tout point x où v est finie

$$qU_q v = \lim_{p \to 0} qU_q(pU_p u) = \lim_{p \to 0} \left[\frac{q}{q-p} pU_p u - \frac{p}{q-p} qU_q u \right] = v$$

Aux autres points, on a $v=\infty$: il en résulte aussitôt que v est surmédiane. Sa régularisée excessive w satisfait à $qU_q w = w$ presque partout, donc partout. En un point où v est finie on a $v=qU_q v = qU_q w = v$. Il est immédiat que toute fonction invariante majorée par u est majorée par v, donc par w. Enfin, la fonction f égale à u-w sur $\{u<\infty\}$, à $+\infty$ sur $\{u=\infty\}$, est évidemment surmédiane ; si p est sa régularisée, on a u=w+p presque partout, donc partout, et on vérifie aussitôt que 0 est la seule minorante invariante de p. L'unicité de la décomposition est laissée au lecteur.

FONCTIONS HARMONIQUES

9 Nous aurons besoin de la remarque suivante : si K est relativement compact, $U(I_K)$ est partout fini ; comme on a $E^{\cdot}[T_{K^c}] \leq U(I_K)$, le temps d'arrêt T_{K^c} est P^x-p.s. fini quel que soit $x \in E$, et donc P^μ-p.s. fini quelle que soit la loi initiale μ.

Si le semi-groupe (P_t) est fellérien (XIII.1), on peut donner un résultat plus précis : soit H un ouvert relativement compact contenant K ; $U(I_H)$ est alors sci (semi-continue inférieurement), strictement positive en tout point de H, donc bornée inférieurement sur K par un nombre $\eta>0$. D'autre part, $E^x[U(I_H)\circ X_t] \underset{t\to\infty}{\longrightarrow} 0$, donc $U(I_H)\circ X_t$ tend p.s. vers 0. Par conséquent, les trajectoires de (X_t) restent hors de K pour t assez grand. Comme K est un compact arbitraire, cela signifie que les trajectoires s'éloignent à l'infini lorsque $t\to\infty$. On dit alors que le semi-groupe (P_t) est transient.

Voici un groupe de définitions importantes . On notera que la terminologie de la première rédaction a été légèrement modifiée (nous disons plate en un point , au lieu d'harmonique en un point).

D10 DÉFINITION.- Une fonction universellement mesurable positive u est dite **sur-harmonique** si on a $P_{A^c}u \leq u$ pour tout ouvert relativement compact A de E.

Une fonction sur-harmonique u est dite

1) **plate** en un point $x\in E$ s'il existe un ouvert V contenant x tel que $P_{V^c}u(x) = u(x)$.
2) **harmonique dans un ouvert** A de E si $P_{K^c}u = u$ pour tout compact K contenu dans A .
3) **harmonique** , si elle est harmonique dans E et finie pp.

Une fonction peut être plate en tout point et ne pas être harmonique : par exemple, pour le semi-groupe de translation uniforme sur $\mathbb{R}$, la fonction u égale à 1 pour $x<0$, à 0 pour $x\geq 0$, est excessive, non harmonique, plate en tout point. En revanche, nous verrons plus tard que l'harmonicité est une notion locale.

T11 THÉORÈME.- Toute fonction sur-harmonique est surmédiane.(*) Pour qu'une fonction universellement mesurable positive soit excessive , il faut et il suffit qu'elle soit sur-harmonique et finement continue.

Soit u une fonction sur-harmonique, plate en un point $x\in E$; u coïncide alors au point x avec sa régularisée excessive. En particulier, toute fonction harmonique est excessive.

DEMONSTRATION.- Soient u une fonction sur-harmonique, K un compact, A un ouvert relativement compact de E : $K\cup A^c$ est fermé, et son complémentaire est relativement compact, donc

(*) par rapport à la résolvante (U_p). Cette première partie de l'énoncé est essentiellement due à DYNKIN.

$$u \geqq P_{K \cup A^c} u \geqq \underset{\sim}{E}^{\cdot}[u \circ X_{T_K} I_{\{T_K < T_{A^c}\}}]$$

Faisons parcourir à A une suite croissante d'ouverts de réunion E : T_{A^c} tend alors p.s. vers ζ en croissant, d'après l'hypothèse faite au début de ce paragraphe, donc le dernier membre tend vers $P_K u$. On a par conséquent $u \geqq P_K u$ <u>pour tout compact</u> K.

Soit alors f une fonction universellement mesurable (non nécessairement positive) telle que $U|f|$ soit finie ; supposons que u majore Uf sur $\{f>0\}$, et montrons que u majore Uf partout. En effet

$$u + U(f^-) \geqq U(f^+ I_K) \text{ sur } K$$

pour tout compact $K \subset \{f^+>0\}$. Par conséquent $P_K u + P_K U(f^-) \geqq P_K(U(f^+ I_K)) = U(f^+ I_K)$ partout. Il en résulte $u + U(f^-) \geqq U(f^+ I_K)$, et enfin $u + U(f^-) \geqq U(f^+)$. Il résulte alors de IX.T70 que u est surmédiane par rapport à la résolvante (U_p) du semi-groupe (P_t).

Passons à la seconde assertion : supposons que u soit plate au point x ; soit A un voisinage ouvert de x, tel que $P_{A^c} u^x = u(x)$. On a

$$P_t u(x) \geqq P_t P_{A^c} u(x) = P_{t+T_{A^c} \circ \theta_t} u^x \geqq \underset{\sim}{E}^x[u \circ X_{T_{A^c}} I_{\{t<T_{A^c}\}}]$$

Faisons tendre t vers 0, il vient

$$\liminf_{t \to 0} P_t u^x \geqq \underset{\sim}{E}^x[u \circ X_{T_{A^c}}] = u(x)$$

d'où le même résultat avec $\liminf_{p \to \infty} pU_p u^x$, et la conclusion (*).

REMARQUE.- Lorsque u est sur-harmonique, plate au point x , et presque borélienne, on peut donner un résultat plus précis : u est alors finement continue au point x. En effet, soit $\hat{u}$ la régularisée excessive de x : on a d'après T11

$$u(x) = \hat{u}(x) = \lim_{y \to x} \text{fine } \hat{u}(y) \leqq \liminf_{y \to x} \text{fine } u(y)$$

Par conséquent, u est finement sci au point x. Pour montrer qu'elle est finement continue, il suffit donc de montrer que si $a>u(x)$, l'ensemble $H=\{y : u(y) \geqq a\}$ est effilé en x. Supposons le contraire : comme H est presque-borélien, il existe une suite croissante (K_n) de compacts contenus dans H , telle que $T_{K_n} \downarrow 0$ $\underset{\sim}{P}^x$-p.s. On a

(*) Une conséquence : soient v une fonction excessive, u une fonction harmonique telle que $u \leq v$; il existe alors une fonction excessive w telle que $v = u+w$. Il suffit en effet de prendre pour w la régularisée de la fonction surharmonique w' définie par $w' = v-u$ sur $\{u<\infty\}$, $w'=\infty$ sur $\{u=\infty\}$.

d'autre part, d'après le début de la démonstration de T11

$$u(x) \geqq P_{K_n}u^x \geqq aP_{K_n}1^x = aP^x\{T_{K_n}<\infty\}$$

Faisons tendre n vers $+\infty$, il vient $u(x)\geqq a$, ce qui est absurde.

T12 THÉORÈME.- Soient G un ouvert de E, u une fonction excessive. Les propriétés suivantes sont équivalentes

a) u est harmonique dans G

b) $P_{A^c}u = u$ pour tout ouvert $A\subset G$, relativement compact dans G

c) $P_{A^c}u = u$ pour tout ensemble presque-borélien A relativement compact dans G (i.e., $\bar{A}$ est un compact, et $\bar{A}\subset G$)

DEMONSTRATION.- a) => c) : en effet on a $P_{\bar{A}^c}u=u$ d'après a), donc (comme $\bar{A}^c\subset A^c$) $P_{A^c}u \geqq P_{\bar{A}^c}u = u$, et l'égalité. Il est clair que c) => b) . Enfin, b) => a) : en effet, si K est un compact de G, il existe un ouvert A relativement compact dans G contenant A, donc $P_{K^c}u \geqq P_{A^c}u =u$, et l'égalité en résulte.

13 Voici un exemple de fonction harmonique dans un ouvert : si u est excessive, et si J est un ouvert, P_Ju est harmonique dans l'intérieur de J^c. En effet, soit K un compact contenu dans l'intérieur de J^c (ou même simplement dans J^c) ; K^c contient J, et on a donc $P_{K^c}u \geqq P_JP_Ju = P_Ju$. L'inégalité $P_{K^c}P_Ju \leqq P_Ju$ étant évidente, on a l'égalité.

Il est naturel de se demander si, pour tout fermé F et toute fonction excessive u, P_Fu est harmonique dans l'ouvert F^c (comme en théorie classique du potentiel). Il n'en est pas toujours ainsi, mais nous étudierons plus tard les conséquences de l'hypothèse (B) de HUNT :

HYPOTHÈSE B .- Pour tout ensemble presque-borélien A, tout $p\geqq 0$, tout ouvert G contenant A, on a $P^p_GP^p_A = P^p_A$.

Il est clair que tout semi-groupe qui satisfait à (B) possède la propriété cherchée (même démonstration que ci-dessus). Les semi-groupes que nous étudierons en détail plus loin satisferont tous à l'hypothèse (B).

POTENTIELS, DÉCOMPOSITION DE RIESZ

Nous n'aurons besoin pour l'instant que de la première partie de l'énoncé suivant (relative au cas où G=E).

T14 THÉORÈME.- Soit u une fonction excessive finie pp. Soient G un ouvert de E, (B_n) une suite croissante d'ensembles fermés de E , dont les intérieurs recouvrent G . On désigne par w la fonction surmédiane $\lim_{n\to\infty} P_{B_n^c} u$, par v la régularisée excessive de w. On a alors $w(x)=v(x)$ pour tout $x\in G\cap\{w<\infty\}$, et on peut affirmer que v est harmonique dans G dans chacun des deux cas suivants

a) G=E ,

b) l'hypothèse (B) est satisfaite.

DÉMONSTRATION.- Soit K un compact de G ; on a $K\subset B_n$ pour n assez grand, donc $K^c\supset B_n^c$, et $P_{K^c}P_{B_n^c} u \geqq P_{B_n^c}P_{B_n^c}u = P_{B_n^c}u$ (cette dernière égalité , du fait que B_n^c est ouvert) . L'inégalité inverse étant évidente, on a $P_{K^c}P_{B_u^c} = P_{B_n^c}u$. Soit $x\in\{w<\infty\}$: un passage à la limite dans la relation précédente, justifié par le théorème de Lebesgue, nous donne $P_{K^c}w(x) = w(x)$. Remarquons que $w(x)<\infty$ si $u(x)<\infty$, donc quasi-partout. Nous avons donc $P_{K^c}w = w$ qp.

Notons maintenant que w est limite d'une suite décroissante de fonctions excessives . Le lemme de Fatou entraîne alors que w est sur-harmonique. D'après ce qui précède, w est plate en tout point de $G\cap\{w<\infty\}$; T11 entraîne que w=v en un tel point, et la première assertion de l'énoncé est établie.

Supposons que l'on ait G=E : alors w=v quasi-partout, car $\{w=\infty\}\subset\{u=\infty\}$ est polaire . Soit K un compact contenu dans G ; on a $P_{K^c}w = P_{K^c}v$ partout (car la loi de T_{K^c} ne charge pas les ensembles polaires). Comme $P_{K^c}w = w$ qp, on a en fin de compte $P_{K^c}v = v$ qp (donc partout, puisque les deux membres sont des fonctions excessives). La fonction v est donc harmonique.

Passons au cas où G≠E, sous l'hypothèse (B), et montrons que v est harmonique dans G. Tout revient à montrer que $P_{K^c}v = v$ pp pour tout compact $K\subset G$ (cela entraîne l'égalité partout, car les deux membres sont des fonctions excessives) . Or on a $w=v$ pp, puisque v est la régularisée de w , et $P_{K^c}w = w$ qp d'après le début de la démonstration. Il reste donc à montrer que $P_{K^c}w = P_{K^c}v$ pp . Sur K^c , on a $P_{K^c}w = w$, $P_{K^c}v = v$; comme $w=v$ pp , il suffit de prouver que $P_{K^c}w^x = P_{K^c}v^x$ pour $x\in K$, ou encore que la loi de $X_{T_{K^c}}$ (Ω étant muni de $\underset{w}{P}^x$) ne charge pas l'ensemble $\{v<w\}$. Mais ce dernier ensemble est semi-polaire d'après le théorème de convergence de DOOB (XV.T32), et le résultat cherché est une application immédiate d'une conséquence de l'hypothèse (B) que nous verrons plus loin (ci-dessous, III.T18), $\{v<w\}$ étant contenu dans G à un ensemble polaire près

D15 DÉFINITION.- Soit u une fonction excessive finie pp. On dit que u est un potentiel si la seule minorante harmonique de u est la fonction 0.

Le théorème suivant caractérise les potentiels, et donne une " décomposition de Riesz " :

T16 THÉORÈME.- Soit (B_n) une suite croissante de compacts dont les intérieurs recouvrent E, et soit u une fonction excessive finie pp.

a) $P_{B_n^c}u$ tend en décroissant vers une fonction surmédiane w .

b) La régularisée v de w est la plus grande minorante harmonique de u . On a $w=v$ en tout point où w est finie (donc qp).

c) Il existe un potentiel p tel que $u=v+p$; cette décomposition de u en une fonction harmonique et un potentiel est unique.

d) Pour que u soit un potentiel, il faut et il suffit que $P_{B_n^c}u$ tende vers 0 pp.

DÉMONSTRATION.- a) et la seconde assertion de b), ainsi que le fait que v est harmonique, résultent immédiatement de T14 . Le fait que v est la plus grande minorante harmonique de u résulte aussitôt de la définition des fonctions harmoniques, et cela entraîne d). Pour prouver c) , on remarque que la fonction égale à u-v sur $\{u<\infty\}$, à $+\infty$ sur $\{u<\infty\}$, est surharmonique ; p est sa régularisée, et il est clair que la plus grande minorante harmonique de p est 0.

17   Voici un exemple de potentiel : soit A une fonctionnelle additive dont le " potentiel" U_A est fini pp, et qui <u>ne charge pas</u> ζ (i.e., telle que $A_\zeta = A_{\zeta-}$ p.s. ; rappelons que l'égalité $A_\zeta = A_\infty$ fait partie de la définition des fonctionnelles additives). Alors U_A est un potentiel au sens de D15. En effet, soit un $x \epsilon E$ tel que $U_A(x) < \infty$; reprenons les ensembles B_n de T16 . Il résulte de l'hypothèse faite au début du paragraphe que $T_{B_n^c} \uparrow \zeta$ p.s., et on a $\lim_n P_{B_n^c} U_A^{\ x} =$

$\lim_n E^x [A_\infty - A_{T_{B_n^c}}] = 0$ (théorème de Lebesgue). Cela prouve que U_A est un potentiel (T16, d)).

En revanche, si A charge ζ , la fonction U_A n'est pas nécessairement un potentiel. Par exemple , soit E le disque unité ouvert ; pour le processus du mouvement brownien dans E (tué à la frontière), la fonction $1 = I_E$ est purement excessive de la classe (D), et pourtant elle est harmonique.[(*)]

§4 . - Les u-processus

HYPOTHÈSES DE CE PARAGRAPHE.- Hypothèses "droites" comme au §1 ; existence de limites à gauche dans E sur $]0,\zeta[$. On ne suppose rien de spécial sur U.

D18   DÉFINITION.- <u>Soit u une fonction excessive</u> (<u>nulle en</u> ∂ <u>par convention</u>), <u>et soit</u> E_u <u>l'ensemble</u> $\{0 < u < \infty\}$. <u>On désigne par</u> $P_t^{(u)}$ <u>le noyau sous-markovien sur E défini par</u>

$$P_t^{(u)} f^x = \frac{P_t(x, uf)}{u(x)} \qquad \underline{si} \ x \epsilon E_u$$

$$= 0 \qquad \underline{si} \ x \not\epsilon E_u$$

<u>si f est universellement mesurable positive.</u>

Comme d'habitude, on rend ce noyau markovien au moyen du point ∂.

T19   THÉORÈME.- a) <u>Les noyaux</u> $P_t^{(u)}$ <u>forment un semi-groupe sous-markovien sur E, dont la résolvante</u> $(U_p^{(u)})$ <u>est donnée par</u>

$$U_p^{(u)} f^x = \frac{U_p(x,uf)}{u(x)} \qquad \underline{si} \ x \epsilon E_u$$

$$= 0 \qquad \underline{si} \ x \not\epsilon E_u$$

(*) Voir quelques résultats supplémentaires sur la classification des fonctions excessives ci-dessous , chap.III, n°s 13-14.

b) <u>Pour qu'une fonction</u> w , <u>universellement mesurable positive,</u> <u>soit excessive</u>(*) <u>par rapport à la résolvante</u> $(U_p^{(u)})$, <u>il faut et il suffit que</u> w <u>soit nulle sur</u> $E\setminus E_u$, <u>et qu'il existe une fonction excessive</u> v <u>telle que</u> uw=v <u>sur</u> E_u.

NOTATION.- Une fonction excessive, surmédiane ... par rapport à la résolvante $(U_p^{(u)})$ sera dite dans la suite excessive/u, surmédiane/u.

DÉMONSTRATION.- Notons que si $x\in E_u$, la mesure $\varepsilon_x P_t^{(u)}$ ne charge ni $\{u=\infty\}$ (car cette mesure est absolument continue par rapport à $\varepsilon_x P_t$, mesure qui ne charge pas $\{u=\infty\}$ du fait que $P_t u(x) \leq u(x) < \infty$) , ni $\{u=0\}\cap E$. Elle est donc portée par $E_u \cup \{\partial\}$.

Démontrons a) . Soit f une fonction borélienne positive, nulle en ∂ . La relation $P_s^{(u)}P_t^{(u)} = P_{s+t}^{(u)}$ est évidente sur $E\setminus E_u$. Si $x\in E_u$, on a

$$P_s^{(u)}P_t^{(u)}f^x = \int_{E_u} P_s^{(u)}(x,dy)P_t^{(u)}f(y) \quad \text{d'après ce qui précède}$$

$$= \frac{1}{u(x)} \int_{E_u} P_s(x,dy)u(y).\frac{1}{u(y)} P_t(y,uf)$$

$$= \frac{1}{u(x)} \int P_s(x,dy)I_{E_u}(y)P_t(y,uf)$$

Mais $P_s(x,dy)$ ne charge pas $\{u=\infty\}$, et $P_t(y,uf)=0$ sur $\{u=0\}$. On peut donc supprimer l'indicatrice, et il vient simplement $\frac{1}{u(x)} P_s(x,P_t(uf))$ $= P_{s+t}^{(u)}f^x$.

L'assertion relative à la résolvante est triviale.

Soit w une fonction excessive/u . Définissons une fonction ϕ en posant

$$\phi = uw \text{ sur } E_u \quad ; \quad \phi=0 \ (=uw) \text{ sur } \{u=0\} \quad ; \quad \phi = \infty \text{ sur } \{u=\infty\} \ .$$

Cette fonction est surmédiane. En effet, si $x\in E_u$

$$P_t^{(u)}(x,w) = \frac{1}{u(x)} P_t(x,uw) = \frac{1}{u(x)} P_t(x,\phi)$$

car $\varepsilon_x P_t$ ne charge pas $\{u=\infty\}$. Comme w est surmédiane/u, on a $\frac{1}{u(x)}P_t(x,\phi) \leq w(x)$, ou $P_t(x,\phi) \leq \phi(x)$. On a la même inégalité si $u(x)=\infty$ (trivial), ou si $u(x)=0$ (car la mesure $\varepsilon_x P_t$ est alors

(*) On a un résultat analogue pour les fonctions p-excessives (même démonstration)

portée par $\{u=0\}$) . Soit v la régularisée excessive de ϕ : on a $v=\phi$ sur E_u (car $P_t^{(u)}(x,w) \underset{t\to 0}{\to} w(x)$, ce qui s'écrit aussi pour $x\in E_u$ $\frac{1}{u(x)}P_t(x,\phi) \to \frac{1}{u(x)}\phi(x)$) ; on a aussi $v=\phi$ sur $\{u=0\}$, car sur cet ensemble on a $0\leq v\leq\phi=0$. La fonction v est donc excessive, nulle sur $\{u=0\}$, et telle que $wu=v$ sur E_u.

Inversement, supposons que w soit nulle sur $E\setminus E_u$, et qu'il existe une fonction excessive v telle que l'on ait $wu=v$ sur E_u (nous n'exigeons pas que v soit nulle sur $E\setminus E_u$). Alors w est surmédiane/u : en effet, si $x\notin E_u$ on a $P_t^{(u)}(x,w)=0=w(x)$, et si $x\in E_u$ on a $P_t^{(u)}(x,w) = \frac{1}{u(x)}P_t(x,I_{E_u}v) \leq \frac{v(x)}{u(x)} = w(x)$, d'où le résultat annoncé. Montrons que w est excessive/u : cela demande vérification seulement si $x\in E_u$. Or soit (Q_t) le semi-groupe obtenu en tuant (P_t) à la rencontre de $E\setminus E_u$; comme E_u est finement ouvert, on a $\lim_{t\to 0} Q_t(x,v)=v(x)$, donc $\liminf_{t\to 0} P_t(x,I_{E_u}v) \geq v(x)$, et $\frac{1}{u(x)}P_t(x,uw) = P_t^{(u)}(x,w)$ a donc une lim inf au moins égale à $\frac{v(x)}{u(x)}$ lorsque $t\to 0$, d'où le résultat.

CONSTRUCTION DES u-PROCESSUS

20 Désignons par W l'ensemble de toutes les applications w de $\mathbb{R}_+$ dans $E\cup\{\partial\}$, admettant une durée de vie ζ : i.e., il existe un nombre $\zeta(w)\leq\infty$, tel qu'on ait $w(t)\in E$ pour $t<\zeta(w)$, $w(t)=\partial$ pour $t\geq\zeta(w)$. Nous poserons $X_t^\circ(w)=w(t)$, et nous désignerons par $\underline{\underline{F}}^\circ$ (resp. $\underline{\underline{F}}_t^\circ$) la tribu $\underline{\underline{T}}(X_s^\circ, s\in\mathbb{R}_+)$ (resp. $\underline{\underline{T}}(X_s^\circ, s\leq t)$).

Soit μ une loi sur E. D'après XII.21, nous pouvons munir $(W,\underline{\underline{F}}^\circ)$ de deux mesures , P^μ et $P^{\mu/u}$, pour lesquelles le processus (X_t°) est markovien, admet μ comme loi initiale, et admet comme semi-groupe de transition (P_t) et $(P_t^{(u)})$ respectivement. Avec ces notations, on a les résultats élémentaires suivants

T21 THÉORÈME.- a) <u>Pour tout</u> t, <u>on a</u> $P^{\mu/u}\{X_t\notin E_u , t<\zeta\} = 0$

b) <u>Soient</u> $t\in\mathbb{R}_+$, H <u>une fonction positive</u> $\underline{\underline{F}}_t^\circ$<u>-mesurable</u>. <u>On a</u>

$$E^{\mu/u}[H.I_{\{t<\zeta\}}] = \int_{E_u} \mu(dx)\frac{1}{u(x)}\int_{\{t<\zeta\}} H.u\circ X_t \, dP^x$$

c) <u>Soit</u> D <u>un ensemble dénombrable dense dans</u> $\mathbb{R}_+$. <u>L'événement suivant a la probabilité</u> 1, <u>si l'on munit</u> W <u>de</u> $P^{\mu/u}$.

$B = \{ w : s \mapsto X_s^\circ(w)$ admet une limite à droite $X_{t+}^\circ(w)$ le long de D en tout point $t \geq 0$, une limite à gauche $X_{t-}^\circ(w) \in E$ le long de D en tout point $t \in]0,\zeta(w)[\}$

d) On a $\underset{\sim}{P}^{\mu/u}$ p.s. $X_t^\circ = X_{t+}^\circ$ si $t>0$, pour chaque t, et $X_{0+}^\circ = X_0$ p.s. sur $\{X_0 \in E_u\}$, $X_{0+}^\circ = \partial$ p.s. sur $\{X_0 \notin E_u\}$.

DÉMONSTRATION.- Il suffit de prouver a) lorsque μ est une masse unité ε_x. C'est trivial si $x \notin E_u$, car alors $\zeta = 0$ $\underset{\sim}{P}^{x/u}$-p.s.. Si $x \in E_u$, cette probabilité vaut $P_t^{(u)}(x, E \setminus E_u) = 0$.

De même, il suffit de prouver b) lorsque $\mu = \varepsilon_x$, $x \in E_u$. De plus, on peut (en vertu du théorème des classes monotones) supposer que H est de la forme $f_1 \circ X_{s_1}^\circ \ldots f_n \circ X_{s_n}^\circ$ ($f_1 \ldots f_n$ boréliennes positives, nulles en ∂ ; $s_1 < s_2 \ldots < s_n = t$). La démonstration est facile et ennuyeuse, nous la laissons au lecteur.

Pour prouver c), définissons pour t rationnel l'événement

$B_t = \{ t < \zeta$; il existe un $u < t$ tel que X_{u+}° n'existe pas, ou un $u \in]0,t[$ tel que X_{u-}° n'existe pas ou n'appartienne pas à E $\}$

ces limites étant, bien entendu, prises le long de D. Comme B est la réunion des B_t pour t rationnel, il nous suffit de montrer que $\underset{\sim}{P}^{\mu/u}(B_t) = 0$ pour tout t. Mais B_t est $\underline{\underline{F}}_t^\circ$-mesurable (IV.T23), et on a $B_t = B_t \cap \{t < \zeta\}$. D'après b), il suffit de montrer que B_t est $\underset{\sim}{P}^\mu$-négligeable, et cela fait partie des hypothèses sur le semi-groupe. On démontre d) de manière analogue.

REMARQUE.- La méthode qui nous a servi à démontrer c) est évidemment applicable à d'autres cas, et permet de ramener systématiquement l'étude de la régularité des trajectoires des u-processus à des calculs portant sur le semi-groupe (P_t).

22 Reprenons maintenant les notations "canoniques" : soit Ω l'ensemble de toutes les applications continues à droite de $\mathbb{R}_+$ dans $E \cup \{\partial\}$, admettant une durée de vie ζ, possédant une limite à gauche dans E en tout point de $]0,\zeta[$. Désignons par X_t les coordonnées, par $\underline{\underline{F}}^\circ$, $\underline{\underline{F}}_t^\circ$ les tribus (non complétées) usuelles. Les notations $\underline{\underline{F}}^\mu$, $\underline{\underline{F}}_t^\mu$, $\underline{\underline{F}}$, $\underline{\underline{F}}_t$ auront leurs significations habituelles, relativement au semi-groupe (P_t).

Désignons par $\underset{\sim}{P}^{\mu/u}$ la mesure sur Ω, image de la mesure $\underset{\sim}{P}^{\mu/u}$ précédemment définie sur W et restreinte à B, par l'application $s \mapsto X^{\circ}_{s+}(w)$ de B dans Ω. Nous obtenons le résultat suivant :

Pour toute loi μ sur E, il existe une mesure $\underset{\sim}{P}^{\mu/u}$ sur Ω, unique, pour laquelle le processus $(X_t)_{t>0}$ est markovien, admet le semi-groupe de transition $(P_t^{(u)})$ et la loi d'entrée $(\mu P_t^{(u)})_{t>0}$.

On notera que la loi de X_0 n'est pas μ, mais $I_{E_u}.\mu + \mu(E_u^c).\varepsilon_\partial$.

La propriété b) de T21 s'étend aussitôt aux mesures sur Ω qui viennent d'être introduites. Nous en donnerons ici une version un peu plus précise, dont la démonstration est immédiate par complétion . Nous notons $\underline{\underline{F}}^{\mu/u}$, $\underline{\underline{F}}_t^{\mu/u}$ les tribus complétées habituelles, par rapport à la loi $\underset{\sim}{P}^{\mu/u}$.

Soit $t\geq 0$, et soit H une variable aléatoire positive $\underline{\underline{F}}_t^{\mu}$-mesurable. Alors $H.I_{\{t<\zeta\}}$ est $\underline{\underline{F}}_t^{\mu/u}$-mesurable, et on a

$$\underset{\sim}{E}^{\mu/u}[H.I_{\{t<\zeta\}}] = \int_{E_u} \mu(dx) \frac{1}{u(x)} \int_{\{t<\zeta\}} H\, u\circ X_t \, d\underset{\sim}{P}^x$$

23 Cette relation peut elle même s'étendre de la manière suivante

Soit T un temps d'arrêt de la famille $(\underline{\underline{F}}_t^{\mu})$; $T\wedge\zeta$ est alors un temps d'arrêt de la famille $(\underline{\underline{F}}_t^{\mu/u})$; si $H\geq 0$ est $\underline{\underline{F}}_T^{\mu}$-mesurable , $H.I_{\{T<\zeta\}}$ est $\underline{\underline{F}}_{T\wedge\zeta}^{\mu/u}$-mesurable et on a

$$\underset{\sim}{E}^{\mu/u}[H.I_{\{T<\zeta\}}] = \int_{E_u} \mu(dx) \frac{1}{u(x)} \int_{\{T<\zeta\}} H\, u\circ X_T \, d\underset{\sim}{P}^x$$

On a en effet $\{T\wedge\zeta>r\} = \{T>r\}\cap\{r<\zeta\}$, qui appartient à $\underline{\underline{F}}_r^{\mu/u}$ d'après la fin du n°22, d'où la première assertion. Pour établir la seconde, on écrit que $H.I_{\{T<\zeta\}}I_{\{T\wedge\zeta\leq t\}} = H.I_{\{T<\zeta,\ T\leq t\}}$ est l'enveloppe supérieure, pour r rationnel < t et r=t, des fonctions $H.I_{\{T\leq r\}}I_{\{r<\zeta\}}$, qui sont $\underline{\underline{F}}_t^{\mu/u}$-mesurables. Enfin, la dernière relation s'établit en approchant T par des temps d'arrêt étagés, de la manière habituelle.

24 Toute fonction (w,) p-excessive/u peut s'écrire dans E_u sous la forme $\frac{v}{u}$, où v est p-excessive. On en déduit facilement, en appliquant la

fin du n°22 (H étant l'indicatrice de l'ensemble des $\omega\in\Omega$ tels que $s\mapsto w\circ X_s(\omega)$ ne soit pas continue à droite sur $[0,t[$), le résultat suivant

Les fonctions p-excessives/u sont presque-boréliennes/u et p.s. continues à droite sur les trajectoires des u-processus.

Comme d'habitude, cela entraîne que les u-processus sont *fortement markoviens* par rapport à la famille $(\underline{\underline{F}}^{\mu/u}_{t+})$ (XIV.T11), et il en résulte comme d'habitude que la famille $(\underline{\underline{F}}^{\mu/u}_{t})$ est continue à droite (XIII.T13).

Considérons maintenant une suite croissante (T_n) de temps d'arrêt de la famille $(\underline{\underline{F}}^{\circ}_{t+})$, et posons $T=\lim_n T_n$. *Supposons que le semi-groupe (P_t) soit standard* . L'événement $\{T<\zeta\ ,\ \lim_n X_{T_n}\neq X_T\}$ est alors négligeable pour la mesure $\underset{\sim}{P}^{\mu}$, donc négligeable pour $\underset{\sim}{P}^{\mu/u}$ d'après 23. Autrement dit, si (P_t) est standard, le semi-groupe $(P^{(u)}_t)$ possède toutes les propriétés d'un semi-groupe standard , *à l'exception de la propriété* $X_{0+}=x$ $\underset{\sim}{P}^{x/u}$-p.s., qui n'est pas satisfaite si $x\notin E_u$.

25 On peut tourner cette difficulté de la manière suivante. Nous allons montrer que si $x\in E_u$, la propriété suivante est $\underset{\sim}{P}^{x/u}$-p.s. satisfaite

$$X_t(\omega)\in E_u \text{ et } X_{t-}(\omega)\in E_u \text{ pour tout } t\in]0,\zeta(\omega)[$$

Cela permet de modifier les processus issus d'un point de $E\setminus E_u$ en décidant, par exemple, que les trajectoires issues de $x\notin E_u$ gardent la valeur x pour tout t. Cela permet aussi, d'une manière plus satisfaisante , de *restreindre à* E_u l'espace d'états . On a alors un véritable processus standard admettant E_u comme espace d'états (cet espace n'est pas localement compact, mais cela ne présente pas de graves inconvénients).

Tout revient à montrer (d'après 22) que l'on a pour tout r rationnel

$$\int_{N_1} u\circ X_r \, d\underset{\sim}{P}^x = 0 \qquad , \qquad \int_{N_2} u\circ X_r \, d\underset{\sim}{P}^x = 0$$

où $N_1=\{r<\zeta,\ \exists t<r\ :\ X_t\in\{u=\infty\} \text{ ou } X_{t-}\in\{u=\infty\}\}$

$N_2=\{r<\zeta,\ \exists t<r\ :\ X_t\in\{u=0\} \text{ ou } X_{t-}\in\{u=0\}\}$.

Rappelons un résultat (XV.T7) : si A est presque-borélien, et si

$S_A = \inf \{t : X_{t-} \in A\}$, on a $S_A \wedge \zeta \geq D_A \wedge \zeta$ p.s. Appliquons d'abord cela en prenant pour loi initiale ε_x $(x \in E_u)$, et pour A l'ensemble $\{u=\infty\}$. Alors $D_A=\infty$ p.s. (VI.T3, b)), donc $S_A \geq \zeta$ p.s. ; mais cela entraîne que N_1 est négligeable, et règle le cas de la première intégrale.

Appliquons le même résultat avec la même mesure, et en prenant pour A l'ensemble $\{u=0\}$. La relation $u \circ X_t=0$ entraîne $u \circ X_s=0$ pour tout $s \geq t$ (VI.T15), donc on a $X_s \in \{u=0\}$ pour tout $s \geq D_A$, et donc

$$\int_{\{D_A<r\}} u \circ X_r \, d\underset{\sim}{P}^x = 0$$

D'autre part, nous avons $S_A \wedge \zeta \geq D_A \wedge \zeta$, de sorte que $N_2 = \{S_A \wedge D_A < r < \zeta\}$ est contenu dans $\{D_A<r\}$ à un ensemble de mesure nulle près, et la seconde intégrale est nulle. Cela achève la démonstration.

§ 4 . Compactifications

Nous aurons besoin au chap. V de résultats concernant, d'une part les retournements du temps dans les processus de Markov, et d'autre part les compactifications associées à une résolvante. Ces résultats figurent dans le second volume du Séminaire de Probabilités de Strasbourg (Lecture Notes in Math., 1968, vol. 51)(*). Pour éviter au lecteur d'avoir à se reporter à ce volume, nous consacrerons à ces résultats les deux paragraphes suivants. Le texte ci-dessous est sur certains points un peu moins complet que celui du séminaire, qu'il ne fait que recopier.

26 HYPOTHÈSES ET NOTATIONS.- E est un espace localement compact à base dénombrable.

(U_p) est une résolvante sous-markovienne sur E. Le noyau $U_0=U$ applique $\underline{\underline{C}}_c(E)$ [fonctions continues à support compact] dans $\underline{\underline{C}}_b(E)$ [fonctions continues bornées].

E est un sous-ensemble d'un espace compact métrisable F, dense dans F. Nous n'exigeons pas que la topologie induite par F sur E soit la topologie précédente (que nous appellerons topologie <u>initiale</u> de E), mais seulement qu'elle soit moins fine, i.e. que l'injection i de E dans F soit continue. La notation $\underline{\underline{C}}_c(E)$ se rapportera toujours à la topologie initiale de E. S'il est nécessaire, nous

(*) Des résultats très voisins, non encore publiés, ont été établis par DOOB.

dirons qu'une fonction f définie dans E est continue/E , sci/E (resp. continue/F, sci/F) pour marquer qu'elle est continue ou semi-continue inférieurement pour la topologie initiale de E (resp. la topologie sur E induite par F).

Voici maintenant les deux hypothèses cruciales :

a) Si $f \in \underline{\underline{C}}_c(E)$, la fonction Uf sur E se prolonge en une fonction continue sur F (de manière unique puisque E est dense).

b) Soit $\underline{\underline{S}}$ le cône des fonctions continues g sur F, telles que $g|E$ (la restriction de g à E) soit surmédiane ; alors $\underline{\underline{S}}$ sépare les points de F.(*)

Comme $\underline{\underline{S}}$ contient les constantes positives, est stable pour l'opération $\wedge$ et sépare F , $\underline{\underline{S}}-\underline{\underline{S}}$ est dense dans $\underline{\underline{C}}(F)$ (théorème de Stone-Weierstrass)

L'injection i de E dans F étant continue, la trace sur E d'un ensemble borélien B de F (égale à $i^{-1}(B)$) est un ensemble borélien/E. Inversement, E est une réunion dénombrable de compacts/E (qui sont des compacts/F), et la tribu borélienne/E est engendrée par les compacts/E, donc tout borélien/E est borélien/F. Il n'y a donc pas lieu de distinguer les deux structures boréliennes sur E, et nous parlerons simplement de parties boréliennes de E sans autre spécification.

CONSTRUCTION D'UN NOYAU POTENTIEL SUR F

27 Soient $x \in F$, et $f \in \underline{\underline{C}}_c(E)$; la fonction Uf admet un prolongement par continuité (unique) à F, que l'on notera encore Uf. L'application $f \mapsto Uf^x$ est alors une mesure positive sur E, que l'on notera U(x,dy). La tribu borélienne/E et la tribu borélienne/F étant identiques, nous pouvons considérer aussi U(x,dy) comme une mesure sur F portée par E ; on notera que cette mesure n'est en général pas bornée, et n'est donc pas une mesure de Radon sur l'espace compact F. U apparaît alors, soit comme un noyau de E dans F, soit comme un noyau sur F (c'est ce dernier point de vue qui sera employé le plus souvent ci-dessous). Remarquons que ce noyau est propre sur F (IX.1): en effet, soit (K_n) une suite de compacts dont la réunion est E ; F est réunion des K_n et de $F \setminus E$, et chacune des fonctions $U(I_{K_n}), U(I_{F\setminus E})$ est bornée (la dernière est nulle sur F).

(*) L'hypothèse b) n'est pas utilisée avant la construction du semi-groupe (n° 33).

T28 THÉORÈME.- Le noyau U sur F satisfait au principe complet du maximum.(*)
DÉMONSTRATION.- Les mesures $U(x,dy)$ étant portées par E, tout revient à montrer que si f et g sont deux fonctions universellement mesurables positives sur E, si a est une constante $\geqq 0$, et si l'on a

(28.1) $a + Uf \geqq Ug$ sur $\{g>0\}$

alors la même inégalité a lieu partout sur F. Il suffit pour cela de montrer que si h (définie dans E) est sci/E et majore f, si j (définie dans E) est scs/E, à support compact J contenu dans $\{g>0\}$, et telle que $0 \leqq j \leqq g$, et si enfin ε est une constante >0, on a

$$a + \varepsilon + Uh \geqq Uj \quad \text{partout sur } F.$$

Mais on a $a+\varepsilon+Uh > Uj$ en tout point de J ; soient A_h l'ensemble des fonctions $s \in \underline{\underline{C}}_c^+(E)$ majorées par h, et A'_h l'ensemble des fonctions $a+\varepsilon+Us$ pour $s \in A_h$; A'_h est un ensemble filtrant croissant de fonctions continues/E dont l'enveloppe supérieure est $a+\varepsilon+Uh$. Le lemme de Dini (X.T6) entraîne alors l'existence d'une fonction $s \in A_h$ telle que $a+\varepsilon+Us > Uj$ en tout point de J. Mais l'ensemble des points où cette inégalité a lieu est un ouvert contenant J, et contient donc un voisinage compact L de J ; j est alors l'enveloppe inférieure de l'ensemble filtrant décroissant des fonctions $t \in \underline{\underline{C}}_c^+(E)$, à support dans L, qui majorent j. Une nouvelle application du lemme de Dini, sur L cette fois, entraîne alors l'existence d'une telle fonction t telle que $a+\varepsilon+Us > Ut$ sur L. Mais alors cette inégalité a lieu sur tout E, car U satisfait au principe complet du maximum sur E (IX.T69). Comme Us et Ut sont des fonctions continues sur F, et E est dense dans F, on a $a+\varepsilon+Us \geqq Ut$ sur F, et a fortiori $a+\varepsilon+Uh \geqq Uj$ sur F. La proposition est établie.

CONSTRUCTION D'UNE RÉSOLVANTE SUR F.

29 Soit $f \in \underline{\underline{C}}_c^+(E)$; U_pf est définie dans E, de sorte que UU_pf est définie dans F, et nous pouvons poser

$$U_pf = Uf - pUU_pf$$

On notera que Uf est finie dans F ; mais comme on ne sait pas si UU_pf est finie, il n'est pas exclu a priori que U_pf prenne la valeur $-\infty$. Nous allons montrer que l'on a en fait $U_pf \geqq 0$ (ce qui entraînera que $UU_pf \leqq \frac{1}{p}U_pf < \infty$).

(*) Nous démontrons en fait (28.1), qui est plus précise que l'énoncé.

Tout d'abord, la fonction $U_p f$ est ≥ 0 sur E . Cette fonction étant égale sur E à $U(f-pU_p f)$, on peut écrire

$$U((f-pU_p f)^+) \geq U((f-pU_p f)^-) \quad \text{sur } E$$

où les deux fonctions sous le symbole U sont considérées comme des fonctions positives définies sur E . Cette inégalité vaut en particulier sur $\{(f-pU_p f)^- > 0\} \cap E$, donc partout sur F (T28). D'autre part, $(f-pU_p f)^+|E$ est bornée à support compact dans E (elle est nulle hors du support de f), donc $U((f-pU_p f)^+)$ est une fonction finie, et l'inégalité s'écrit

$$U(f-pU_p f) \geq 0 \text{ , ou } U_p f \geq 0 \text{ sur } F \text{ .}$$

Comme nous avons vu, cela entraîne que $U_p f$ est finie pour toute fonction $f \in \underline{\underline{C}}_c^+(E)$; on peut donc prolonger U_p à $\underline{\underline{C}}_c(E)$ par linéarité, et l'application $f \mapsto U_p f^x$ est, pour tout $x \in F$, une mesure positive sur E. Comme dans le cas de U, nous considérerons cette mesure (notée $U_p(x,dy)$) comme une mesure sur F portée par E, et U_p comme un noyau un noyau sur F. La relation $(I+pU)U_p = U$ est alors une identité entre noyaux sur F.

T30 THEOREME.- Les noyaux U_p (p>0) forment une résolvante sousmarkovienne sur F [Attention : on n'a pas nécessairement $U = \lim_{p \to 0} U_p$] .

DÉMONSTRATION.- Montrons d'abord que le noyau pU_p est sousmarkovien sur F. Cela revient à montrer que si $f \in \underline{\underline{C}}_c(E)$ est comprise entre 0 et 1, on a $pU_p f \leq 1$. Mais on a

$$1 \geq pU_p f = U[p(f-pU_p f)]$$

sur tout E, donc en particulier sur l'ensemble des points de E où le crochet est >0, donc enfin sur F d'après T28.

Montrons ensuite que les noyaux U_p forment une résolvante sur F. Nous allons vérifier que, si l'on prend p>0, q>0, $f \in \underline{\underline{C}}_c^+(E)$, les fonctions $UU_p f$, $UU_q f$, $UU_p U_q f$ sont finies sur F et que

$$(I+pU)[\ U_p + (p-q)U_p U_q\ ]f = (I+pU)U_q f$$

Cela entraînera le résultat cherché d'après X.T7, puisque U satisfait au principe complet du maximum sur F .

Dans la relation $U_p g + pUU_p g = Ug$, remplaçons g par $U_q f$, il vient

$$U_p U_q f + pUU_p U_q f = UU_q f \leq \frac{1}{q} Uf < +\infty \text{ partout}$$

Les trois fonctions envisagées sont donc bien finies, et on a

$$(I+pU)U_p f = Uf$$

$$(I+pU)[\ (p-q)U_pU_qf\ ] = (p-q)UU_qf$$

d'où par addition $(I+pU)[U_pf + (p-q)U_pU_qf] = Uf+(p-q)UU_qf =$

$= (U_qf + qUU_qf) + (p-q)UU_qf = (I+pU)U_qf$.

T31 THÉORÈME.- Soit g une fonction borélienne positive sur F, telle que $g|E$ soit surmédiane et sci/E, et que l'on ait pour tout $x \in F \setminus E$.

$$g(x) \geqq \liminf_{\substack{y \to x \\ y \in E}} g(y)$$

Alors g est surmédiane par rapport à la résolvante (U_p) sur F.

DÉMONSTRATION.- Nous allons prouver que si f et f' sont universellement mesurables positives sur E, et si l'on a $g+Uf \geqq Uf'$ sur $\{f'>0\}$, alors la même inégalité est vraie sur F. L'argument de IX.T70 (qui repose uniquement sur la relation $(I+pU)U_p = U$) entraînera alors que g est surmédiane sur F.

Comme dans la démonstration de T28, il suffit de prouver que si ε est une constante >0, si h est une fonction sci/E majorant f, si j est une fonction scs/E dont le support compact J est contenu dans $\{f'>0\}$, et telle que $0 \leqq j \leqq f'$, on a partout sur F

$$g+\varepsilon+Uh \geqq Uj$$

Or on a $g+\varepsilon+Uh > Uj$ en tout point de J. D'après le lemme de DINI, il existe une fonction $s \in \underline{\underline{C}}_c^+(E)$ majorée par h, telle que

$$g+\varepsilon+Us > Uj \quad \text{sur } J$$

Cette relation a alors lieu sur tout un voisinage compact L de J dans E, et le lemme de DINI entraîne à nouveau l'existence d'une fonction $t \in \underline{\underline{C}}_c^+(E)$ à support dans L, majorant j et telle que

$$g+\varepsilon+Us \geqq Ut \text{ sur } L$$

Mais alors, g étant surmédiane sur E, cette relation a lieu sur tout E ; comme Us et Ut sont continues sur F, l'hypothèse faite sur g entraîne que cette inégalité vaut aussi sur $F \setminus E$, et la proposition est établie.

T32 COROLLAIRE.-Toute fonction $g \in \underline{\underline{S}}$ est surmédiane par rapport à la résolvante (U_p) sur F.

CONSTRUCTION D'UN SEMI-GROUPE

Dans ce qui suit, nous notons $\hat{g}$ la régularisée excessive d'une fonction g, surmédiane par rapport à la résolvante (U_p).

T33 THÉORÈME.- Soit D l'ensemble des points $x \in F$ tels que $\varepsilon_x pU_p \underset{p\to\infty}{\longrightarrow} \varepsilon_x$ au sens vague. Alors D est borélien.

Il existe un semi-groupe $(P_t)_{t\geq 0}$ de noyaux sous-markoviens sur F, unique, possédant les propriétés suivantes :

1) Si $f \in \underline{\underline{C}}(F)$, et si $x \in F$, la fonction $t \mapsto P_t f^x$ est continue à droite.

2) $U_p = \int_0^\infty e^{-pt} P_t \, dt$ pour tout $p>0$.

On a $\varepsilon_x P_0 = \varepsilon_x$ si et seulement si $x \in D$. Pour tout $x \in F$ la mesure $\varepsilon_x P_0$ est portée par D. Enfin, soit $L = \lim_{p\to 0} U_p$; on a $\varepsilon_x L = \varepsilon_x U$ pour tout $x \in D$.

DÉMONSTRATION.- Nous allons commencer la définition de D. Si $x \in D$, on a $\lim_{p\to\infty} pU_p g^x = g(x)$ pour tout $g \in \underline{\underline{S}}$, ou encore $g(x)=\hat{g}(x)$ pour tout $g \in \underline{\underline{S}}$. Inversement, soit (g_n) une suite dense dans $\underline{\underline{S}}$ (une telle suite existe, car $\underline{\underline{S}}$ est une partie de l'espace métrique séparable $\underline{\underline{C}}(F)$), et soit un $x \in F$ tel que $g_n(x)=\hat{g}_n(x)$ pour tout n ; montrons que x appartient alors à D. En effet, l'ensemble des fonctions $f \in \underline{\underline{C}}(F)$ telles que $f(x) = \lim_{p\to\infty} pU_p f^x$ est évidemment un sous-espace fermé de $\underline{\underline{C}}(F)$; comme il contient les g_n, il contient $\underline{\underline{S}}$, puis $\underline{\underline{S}}-\underline{\underline{S}}$, et enfin l'adhérence de $\underline{\underline{S}}-\underline{\underline{S}}$ - c'est à dire $\underline{\underline{C}}(F)$ tout entier d'après le théorème de Stone-Weierstrass, et l'hypothèse b) du n°26.

Il résulte de ce qui précède que D est un ensemble borélien. D'autre part, soit $f \in \underline{\underline{C}}_c^+(E)$, et soit $x \in D$; Lf est une fonction excessive par rapport à la résolvante (U_p), égale à Uf sur E. Nous avons donc $Lf = \lim_p pU_p Lf = \lim_p pU_p Uf = \widehat{Uf}$. Comme $Uf \in \underline{\underline{S}}$, nous avons $\widehat{Uf}^x = Uf^x$ du fait que $x \in D$, et par conséquent $Lf^x = Uf^x$. La mesure $L(x,.)$ étant portée par E, on a $\varepsilon_x L = \varepsilon_x U$, ce qui établit la dernière phrase de l'énoncé.

Passons maintenant à la construction des noyaux P_t.

1) Soit $f \in \underline{\underline{S}}$; la formule suivante (IX.T52)

$$\frac{d^n}{dp^n}(pU_p f) = n!(-1)^{n+1}(U_p)^n(I-pU_p)f \qquad (n>0)$$

montre que la fonction $\hat{f}(x)-pU_pf^x$ de la variable p est complètement monotone bornée sur $\underset{\sim}{R}_+$ pour tout $x\in F$; elle tend vers $\hat{f}(x)-h(x)$ lorsque $p \to 0$, h désignant la partie invariante de la fonction excessive $\hat{f}$. Le théorème bien connu de S.BERNSTEIN nous permet d'écrire

$$\hat{f}(x)-pU_pf^x = \int_0^\infty e^{-pt}\lambda_x(dt)$$

où λ_x est une mesure positive sur $\underset{\sim}{R}_+$, de masse égale à $\hat{f}(x)-h(x)$.

Posons maintenant

$$P_tf^x = h(x) + \lambda_x(]t,\infty[)$$

C'est une fonction de t décroissante et continue à droite, qui tend vers $\hat{f}(x)$ lorsque $t \to 0$. On a

$$\begin{aligned}\int_0^\infty e^{-pt}P_tf^x\,dt &= \frac{h(x)}{p} + \int_0^\infty e^{-pt}dt \int_t^\infty \lambda_x(ds)\\ &= \frac{h(x)}{p} + \int_0^\infty \lambda_x(ds)\,\frac{1-e^{-ps}}{p}\\ &= \frac{h(x)}{p} + \frac{1}{p}(\hat{f}(x)-h(x)-(\hat{f}(x)-pU_pf^x)) = U_pf^x\end{aligned}$$

2) Etudions la forme linéaire $f \mapsto P_tf^x$ sur $\underline{\underline{S}}-\underline{\underline{S}}$.

a) En vertu de la formule (IX.T52)

$$\frac{d^n}{dp^n}(U_pf^x) = n!(-1)^n(U_p)^{n+1}f^x$$

la fonction $\frac{f(x)}{p} - U_pf^x$ de la variable p est complètement monotone si f est surmédiane continue. Cette fonction étant la transformée de Laplace de la fonction $t \mapsto f(x)-P_tf^x$, on a $P_tf^x \leqq f(x)$ pour tout t. En particulier, $P_t1 \leqq 1$.

b) Si $f\in\underline{\underline{S}}-\underline{\underline{S}}$ est $\geqq 0$, $p \mapsto U_pf^x$ est complètement monotone en vertu de la formule rappelée ci-dessus. Cette fonction étant la transformée de Laplace de $t \mapsto P_tf^x$, on a $P_tf^x \geqq 0$ pour presque tout t, donc pour tout t en vertu de la continuité à droite.

On déduit aussitôt de a) et b) que la forme linéaire $f \mapsto P_tf^x$ sur $\underline{\underline{S}}-\underline{\underline{S}}$ est bornée (de norme $\leqq 1$). Elle se prolonge donc par continuité en une forme linéaire bornée sur $\underline{\underline{C}}(F)$, c'est à dire une mesure, et on vérifie aussitôt que cette mesure est positive. Nous la noterons $P_t(x,.)$. On voit aussitôt, par un argument de convergence uniforme, que la fonction $t \mapsto P_t f^x$ est encore continue à droite si $f \in \underline{\underline{C}}(F)$.

c) Montrons ensuite que (P_t) est un noyau sousmarkovien, autrement dit, que $P_t f$ est une fonction borélienne si $f \in \underline{\underline{C}}(F)$. Soit ϕ une fonction continue sur $\mathbb{R}_+$, bornée, admettant une limite à l'infini ; la fonction $x \mapsto \int \phi(t) e^{-t} P_t f^x \, dt$ est alors borélienne sur F. En effet, cette propriété est satisfaite lorsque $\phi(t)=e^{-pt}$ ($p \geq 0$), et on en déduit le cas général grâce au théorème de Stone-Weierstrass sur $[0,\infty]$. Donc $x \mapsto \int \phi(x) P_t f^x \, dt$ est borélienne si ϕ est continue à support compact, et donc $x \mapsto P_t f^x$ est borélienne (passage à la limite justifié par la continuité à droite).

3) Nous allons vérifier la relation $P_s P_t = P_{s+t}$ ($s \geq 0$, $t \geq 0$).

a) Montrons d'abord que, pour toute fonction borélienne positive h sur E, Uh est une fonction surmédiane sur F. Cette propriété est vraie en effet si $h \in \underline{\underline{C}}_c^+(E)$ (T.32), donc aussi, par passage à l'enveloppe inférieure, pour toute fonction h scs positive à support compact dans E . Soit alors h une fonction borélienne positive sur E ; on a pour toute fonction j , scs à support compact positive et majorée par h

$$pU_pUj \leq Uj \leq Uh$$

d'où en passant à l'enveloppe supérieure $pU_pUh \leq Uh$, qui est le résultat cherché . Bien entendu, cela équivaut au même résultat pour une fonction h, borélienne positive <u>sur F</u>.

Il résulte alors du raisonnement du début de la démonstration que la fonction $p \mapsto U_pUh^x$ est transformée de Laplace d'une fonction décroissante.

b) Prenons $g \in \underline{\underline{C}}_c^+(E)$, et désignons par $\underline{\underline{H}}$ l'ensemble des fonctions boréliennes bornées h sur E telles que $t \mapsto P_tU(hg)^x$ soit continue à droite pour tout $x \in F$. Il est clair que $\underline{\underline{H}}$ est un espace vectoriel fermé pour la convergence uniforme, qui contient $\underline{\underline{C}}(F)$. D'autre part, soit (h_n) une suite croissante et uniformément bornée d'éléments positifs de $\underline{\underline{H}}$, et soit $h = \lim_n h_n$; la fonction $t \mapsto P_tU(h_ng)^x$ admet comme transformée de Laplace $p \mapsto U_pU(h_ng)^x$, qui est d'après a) la transformée de Laplace d'une fonction décroissante. Autrement dit, la fonction continue à droite $t \mapsto P_t U(h_n g)^x$ est décroissante. Par passage à l'enveloppe supérieure, on en déduit que $t \mapsto P_t U(hg)^x$ est semi-continue inférieurement à droite et décroissante, donc continue à droite. Il résulte alors du théorème des classes monotones (I.T20) que $\underline{\underline{H}}$ contient toutes les fonctions boréliennes bornées. Un second passage à l'enveloppe supérieure montre que $t \mapsto P_t Uh$ est décroissante et continue à droite pour toute fonction borélienne positive h sur E (ou sur F).

c) Prenons $g \in \underline{\underline{C}}_c^+(E)$; $U_p g$ est différence de deux fonctions de la forme Uh ; la fonction $t \mapsto P_t U_p g^x$ est donc continue à droite. D'autre part, $U_p g$ est p-surmédiane , donc O-surmédiane par rapport à la résolvante $(V_q) = (U_{p+q})$. Le raisonnement du début de la démonstration montre alors que $q \mapsto V_q U_p g^x$ est transformée de Laplace d'une fonction décroissante ; comme elle est transformée de Laplace de la fonction continue à droite $t \mapsto e^{-pt} P_t U_p g^x$, celle-ci est décroissante. Le même raisonnement qu'en b) ci-dessus montre alors que $t \mapsto e^{-pt} P_t U_p h^x$ est décroissante et continue à droite pour toute fonction borélienne positive h sur E (ou sur F).

d) Pour vérifier que $P_t P_s f^x = P_{s+t} f^x$, il suffit de traiter le cas où $f \in \underline{\underline{C}}(F)$. Les deux membres étant des fonctions continues à droite en s, il suffit de vérifier l'égalité de leurs transformées de Laplace en s, soit

$$P_t U_p f^x = \int_0^\infty e^{-ps} P_{s+t} f^x \, ds$$

Mais les deux membres sont des fonctions continues à droite de t d'après c), et il suffit encore une fois de vérifier l'égalité de leurs transformées de Laplace en t, ce qui revient à vérifier l'équation résolvante.

4) Montrons enfin que $\varepsilon_x P_0$ est portée par D, pour tout $x \in F$. Si $f \in \underline{\underline{S}}$, on a $P_0 f = \lim_{t \to 0} P_t f = \lim_{p \to \infty} pU_p f = \hat{f}$. Par conséquent, $\varepsilon_x P_0 = \varepsilon_x$ si et seulement si $f(x) = \hat{f}(x)$ pour $f \in \underline{\underline{S}}$, autrement dit si $x \in D$. D'autre part, la relation $P_0 P_0 f = P_0 f$ s'écrit $P_0(f - \hat{f}) = 0$. Comme on a $f \geq \hat{f}$, cela entraîne que $\varepsilon_x P_0$ est portée par $\{f = \hat{f}\}$; en faisant parcourir à f une suite dense dans $\underline{\underline{S}}$, on voit que $\varepsilon_x P_0$ est portée par D.

REMARQUE.- Soit g une fonction borélienne sur F , telle que $g|E$ soit q-surmédiane par rapport à la résolvante (U_p) sur E. Les mesures $U_p(x,dy)$ étant portées par E, g est"presque-q-surmédiane" par rapport à la résolvante (U_p) sur F : la fonction $pU_{p+q}g$ est majorée par g presque-partout, et tend en croissant vers une fonction $\hat{g}$ lorsque $p \to \infty$; $\hat{g}$ est une fonction q-excessive, mais on ne peut plus affirmer que $\hat{g} \leq g$ partout.

Désignons par $\underline{\underline{S}}_q$ le cône des fonctions continues sur F, telles que $g|E$ soit q-surmédiane, et par $\underline{\underline{S}}_\infty$ la réunion des cônes $\underline{\underline{S}}_q$. Il est naturel de chercher à affaiblir l'hypothèse b) du n°26 en supposant, non pas que $\underline{\underline{S}}$ sépare F, mais seulement que $\underline{\underline{S}}_\infty$ sépare F. Il est possible d'étendre tout le théorème 33 à cette situation, à l'exception d'un seul point : le fait que les mesures $\varepsilon_x P_0$ sont portées par D . Il s'agit là malheureusement d'un point très important ! DOOB a développé récemment, dans le cas particulier où E est un espace discret dénombrable, une théorie des compactifications dans laquelle l'hypothèse b) n'est pas satisfaite : cette théorie très intéressante diffère de celle qui est présentée ici sur un point important : DOOB distingue un ensemble borélien F_0 compris entre D et F, et qui est en un sens le véritable espace d'états élargi ; les mesures $\varepsilon_x P_t$ ne sont définies que pour $x \in F_0$ et sont portées par F_0 ; les trajectoires des processus associés à (P_t), ainsi que leurs limites à gauche, sont entièrement contenues dans F_0. Il est probable que la théorie de DOOB peut être étendue à des situations plus générales.

CONSTRUCTION DE PROCESSUS DE MARKOV

Nous adjoignons à F un point ∂ , au moyen duquel nous rendons markovien le semi-groupe (P_t) construit plus haut.

T34 THEORÈME(*).- Soit μ une loi de probabilité sur F. Il existe un processus de Markov (X_t) à valeurs dans $F \cup \{\partial\}$, admettant (P_t) comme semi-groupe de transition et μ comme loi initiale, dont les trajectoires sont continues à droite et pourvues de limites à gauche sur l'intervalle $]0,\infty[$ et admettent une limite à droite X_{0+} en 0. On a $X_0 = X_{0+}$ p.s. si et seulement si μ est portée par D. La loi de X_{0+} est μP_0 .

DÉMONSTRATION.- Construisons, sur un espace probabilisé complet Ω, un processus de Markov (Y_t) admettant (P_t) comme semi-groupe de transition et μ comme loi initiale. Si $g \in \underline{\underline{S}}$, g est surmédiane par rapport au semi-groupe (P_t) : en effet, la fonction $t \mapsto P_t g$ est décroissante par construction (T33), et tend vers $\hat{g} \leq g$ lorsque $t \to 0$. Le processus $(g \circ Y_t)$ est donc

(*) Voir aussi le n° 49 du § 6.

une surmartingale, et admet par conséquent des limites à droite et des limites à gauche le long des rationnels, si l'on excepte des $\omega\in\Omega$ qui forment un ensemble négligeable. En utilisant une suite d'éléments de $\underline{\underline{S}}$ qui sépare les points de F, on obtient le résultat suivant :

il existe un ensemble négligeable $H\subset\Omega$ tel que, pour tout $\omega\notin H$, l'application $t\mapsto Y_t(\omega)$ admette une limite à droite $Y_{t+}(\omega)$ le long des rationnels en tout point $t\in[0,+\infty[$, une limite à gauche le long des rationnels en tout point $t\in\,]0,+\infty[$.

Une modification triviale des variables aléatoires Y_t sur H permet alors de supposer ces propriétés vérifiées pour <u>tout</u> $\omega\in\Omega$.

Soient maintenant f et g deux éléments de $\underline{\underline{S}}$. On a

$$\underset{\sim}{E}[f\circ Y_t\cdot g\circ Y_{t+}] = \lim_{\varepsilon\to 0} \underset{\sim}{E}[f\circ Y_t\cdot g\circ Y_{t+\varepsilon}] = \lim_{\varepsilon\to 0} \underset{\sim}{E}[f\circ Y_t\cdot P_\varepsilon g\circ Y_t] =$$

$$= \underset{\sim}{E}[f\circ Y_t\cdot \hat{g}\circ Y_t]$$

Supposons d'abord $t>0$. La relation $P_t g=P_tP_0g$ s'écrit $P_t(g-\hat{g})=0$, ou $\underset{\sim}{E}[(g-\hat{g})\circ Y_t]=0$, ou finalement (comme $g\geq\hat{g}$) $g\circ Y_t = \hat{g}\circ Y_t$ p.s. .
La relation ci-dessus s'écrit donc dans ce cas $\underset{\sim}{E}[f\circ Y_t\cdot g\circ Y_{t+}] =$ $\underset{\sim}{E}[f\circ Y_t\cdot g\circ Y_t]$. Par linéarité, puis convergence uniforme, on étend ce résultat au cas où f et g sont deux éléments de $\underline{C}(F)$, puis on aboutit à la relation $\underset{\sim}{E}[h(Y_t,Y_t)] = \underset{\sim}{E}[h(Y_t,Y_{t+})]$ pour toute fonction continue h sur $F\times F$, et enfin il en résulte que $Y_t=Y_{t+}$ p.s. si $t>0$.

Supposons que μ soit portée par D . Alors $g=\hat{g}$ μ-pp, et le même raisonnement que ci-dessus montre que $Y_0=Y_{0+}$ p.s. . Inversement, si $Y_0=Y_{0+}$ p.s., les égalités écrites ci-dessus, avec f=1 donnent $\underset{\sim}{E}[g\circ Y_0]$ $= \underset{\sim}{E}[\hat{g}\circ Y_0]$, ou $\langle\mu,g-\hat{g}\rangle = 0$, et enfin le fait que μ est portée par D d'après la caractérisation de D donnée dans la démonstration de T33.

Il ne reste plus qu'à poser

$$X_0=Y_0 \quad , \qquad X_t=Y_{t+} \text{ pour } t>0 ,$$

pour obtenir le processus (X_t) cherché.

Dans l'énoncé suivant, nous supposons pour simplifier que μ est portée par D . Nous pouvons alors supposer que $X_0=X_{0+}$, non seulement p.s., mais identiquement (il suffit de définir $X_0=Y_{0+}$ ci-dessus). Cette hypothèse n'est pas vraiment restrictive, puisque μP_0 est toujours portée par D.

T35 THÉORÈME.- Supposons que μ soit portée par D.

1) Si f est une fonction sur F, p-excessive par rapport au semi-groupe (P_t), le processus $(f\circ X_t)$ - où (X_t) désigne le processus construit plus haut - est p.s. continu à droite.

2) L'ensemble des $\omega\in\Omega$ tels que la trajectoire $t\mapsto X_t(\omega)$ rencontre $F\setminus D$ est négligeable (noter en revanche que $t\mapsto X_{t-}(\omega)$ peut rencontrer $F\setminus D$ avec probabilité positive).

3) Le processus (X_t) est fortement markovien.

DÉMONSTRATION.- a) Notons d'abord que, si h est une fonction borélienne positive sur F , Uh est surmédiane par rapport au semi-groupe (P_t). En effet, soit L l'opérateur terminal de la résolvante (U_p) ; Lh est excessive par rapport à ce semi-groupe, et Lh=Uh sur D (T33) . Comme les mesures $P_t(x,dy)$ sont portées par D pour $t>0$ d'après la relation $P_t=P_tP_0$ et T33, on a $P_tUh = P_tLh \leqq Lh \leqq Uh$, d'où le résultat.

b) Soit $g\in\underline{\underline{C}}_c^+(E)$; on a $Ug\in\underline{\underline{C}}(F)$, et le processus $(Ug\circ X_t)$ est donc une surmartingale continue à droite. Désignons par $\underline{\underline{H}}$ l'espace des fonctions boréliennes bornées h sur F, telles que le processus $(U(hg)\circ X_t)$ soit p.s. continu à droite : $\underline{\underline{H}}$ est fermé pour la convergence uniforme, et contient $\underline{\underline{C}}(F)$. Soit (h_n) une suite croissante , uniformément bornée, d'éléments positifs de $\underline{\underline{H}}$, et soit $h= \lim_n h_n$. Les processus $(U(h_ng)\circ X_t$) sont des surmartingales d'après a), ps, continues à droite par hypothèse, qui convergent en croissant vers le processus $(U(hg)\circ X_t)$. Celui-ci est donc p.s. continu à droite d'après VI.T16. Il résulte alors de I.T20 que $\underline{\underline{H}}$ contient toutes les fonctions boréliennes bornées.

Un second passage à la limite croissant du même type montre que le processus $(Uh\circ X_t)$ est p.s. continu à droite si h est borélienne positive bornée, puis on étend à nouveau ce résultat, par le même procédé, au cas où h est borélienne positive.

c) Prenons $p>0$, et $g\in\underline{\underline{C}}_c^+(E)$; on peut écrire $U_pg = Uh_1-Uh_2$, où h_1 et h_2 sont positives , et Uh_1 et Uh_2 sont finies. Donc les processus $(U_pg\circ X_t)$ et $(e^{-pt}U_pg\circ X_t)$ sont p.s. continus à droite. Le même raisonnement que ci-dessus montre alors que, si h est borélienne $\geqq 0$, le processus $(U_ph\circ X_t)$ est p.s. continu à droite.

Soit alors f une fonction p-excessive : comme f est limite d'une suite croissante de p-potentiels, une nouvelle application de VI.T16 montre que le processus $(f \circ X_t)$ est p.s. continu à droite. Une fonction 0-excessive étant q-excessive pour $q>0$, l'assertion 1) est établie pour tout $p \geqq 0$.

d) Montrons que les trajectoires de (X_t) ne rencontrent p.s. pas $F \setminus D$. D'après la caractérisation de D donnée dans la première partie de la preuve de T33, il suffit de montrer qu'elles ne rencontrent p.s. $\{g \neq \hat{g}\}$ si $g \in \underline{S}$. Mais les processus $(g \circ X_t)$ et $(\hat{g} \circ X_t)$ sont tous deux p.s. continus à droite. D'autre part, la relation $U_p(g-\hat{g})=0$ et le th. de Fubini entraînent que, pour presque tout ω, on a $g \circ X_t(\omega)= \hat{g} \circ X_t(\omega)$ pour presque tout t. La continuité à droite entraîne alors que pour presque tout ω on a $g \circ X_t(\omega)=\hat{g} \circ X_t(\omega)$ pour tout t.

e) Au sujet de la propriété forte de Markov, nous nous bornerons à rappeler qu'elle est entraînée par l'assertion 1) de l'énoncé, et même par des propriétés plus faibles. Voir par exemple le chap.XIV (ce résultat ne présente d'ailleurs aucune difficulté).

§ 6. Le retournement du temps

Nous reprenons ci-dessous, pour la commodité du lecteur, une partie des résultats de l'exposé de P.CARTIER, P.A.MEYER et M.WEIL consacré aux retournements, dans le Séminaire de Probabilités de Strasbourg. Nous sommes obligés, malheureusement, pour adapter cet exposé à la situation que nous rencontrerons au chap.V, de lui apporter un certain nombre de modifications d'apparence tout à fait artificielle*.

Ce paragraphe est divisé en deux parties : l'une consacrée aux temps de retour, la seconde consacrée aux retournements . Pour éviter d'avoir des énoncés d'hypothèses occupant une page entière, nous donnerons les hypothèses en deux fois, au début de chaque partie.

TEMPS DE RETOUR

36 HYPOTHÈSES I.- E est un espace localement compact à base dénombrable, et $(P_t)_{t>0}$ est un semi-groupe de transition sous-markovien sur E . On le rend markovien au moyen d'un point auxiliaire ∂ , comme d'habitude. Nous ne cherchons à définir ni le noyau P_0, ni les processus pour t=0. On suppose que la condition suivante est satisfaite :

* Nous corrigeons aussi une erreur, qui nous a été signalée par M.J.WALSH

Pour tout $x \in E$, il existe un processus markovien $(Y_t)_{t>0}$, admettant (P_t) comme semi-groupe de transition, $(\varepsilon_x P_t)_{t>0}$ comme loi d'entrée, et dont les trajectoires possèdent les propriétés suivantes

1) Continuité à droite sur l'intervalle $]0,\infty[$.
2) Existence d'une durée de vie ζ .
3) Existence de limites à gauche sur l'intervalle $]0,\zeta[$.

La seconde condition est, en fait, inoffensive : c'est une conséquence facile de la première, et du fait que ∂ est un point absorbant. Nous ne l'avons incluse que pour pouvoir énoncer commodément la dernière.

Nous allons commencer par étendre un peu ces propriétés, en suivant un travail de KUNITA-WATANABE. Auparavant, rappelons les notations " canoniques" (légèrement modifiées ici) : Ω est l'ensemble de toutes les applications $t \mapsto \omega(t)$ de $]0,\infty[$ dans $E \cup \{\partial\}$ satisfaisant à 1),2),3) ; on pose $X_t(\omega)=\omega(t)$ pour tout ω et tout t ; on désigne par $\underline{\underline{F}}^{\circ}$ (resp. $\underline{\underline{F}}_t^{\circ}$) la tribu $\underline{\underline{T}}(X_s,\ s>0)$ (resp. $\underline{\underline{T}}(X_s,\ 0<s\leq t)$).

T37 THÉORÈME.- Pour toute loi d'entrée $(\mu_t)_{t>0}$ relativement à (P_t), il existe une loi $\underset{\sim}{P}$ (et une seule) sur Ω , pour laquelle le processus (X_t) est markovien , admet (P_t) comme semi-groupe de transition et (μ_t) comme loi d'entrée.

DÉMONSTRATION.- 1) Lorsque la loi d'entrée est $(\varepsilon_x P_t)_{t>0}$, cette loi existe par hypothèse. Nous la désignerons par $\underset{\sim}{P}^x$.

2) Lorsque la loi d'entrée est de la forme $\mu_t=\mu P_t$, où μ est une loi sur E, il suffit de prendre pour $\underset{\sim}{P}$ la loi $\int \underset{\sim}{P}^x \mu(dx)$, que nous désignerons par $\underset{\sim}{P}^{\mu}$.

3) Passons au cas général. Soit D l'ensemble des rationnels >0, et soit W l'ensemble $(E\cup\{\partial\})^D$ muni de la tribu produit . Nous noterons Y_t $(t \in D)$ les applications coordonnées sur D. Nous noterons aussi W_0 l'ensemble des $w \in W$ tels que w soit la restriction à D d'une application de $]0,\infty[$ dans $E\cup\{\partial\}$ satisfaisant à 1),2) et 3) - i.e., tels que les limites $Y_{t+}(w), Y_{t-}(w)$ existent pour tout $t>0$ le long de D , que l'on ait $Y_t(w)=Y_{t+}(w)$ pour tout $t \in D$, et que la condition relative à la durée de vie soit satisfaite. Il est connu que W_0 est mesurable dans W. Nous noterons π l'application (mesurable) de W_0 dans Ω, qui à w associe l'application $t \mapsto Y_{t+}(w)$.

Munissons maintenant W de l'unique loi $\underset{\sim}{P}$ pour laquelle le processus $(Y_t)_{t\in D}$ est markovien, admet (P_t) comme semi-groupe de transition et $(\mu_t)_{t\in D}$ comme loi d'entrée. Notons maintenant que, pour tout entier n, le processus $(Y_t)_{t\in D,\ t>\frac{1}{n}}$ a même loi que le processus $(X_t)_{t\in D}$ sur Ω muni de la loi $\underset{\sim}{P}^{\nu}$ du 2) ci-dessus, pour $\nu=\mu_{1/n}$. Il en résulte que les limites Y_{t-} et Y_{t+} le long de D existent p.s. pour tous les t $> 1/n$, que $Y_t=Y_{t+}$ p.s. pour tous les $t\in D$, $t>1/n$ (et aussi que la condition relative à ζ est p.s. satisfaite). Comme n est arbitraire, cela signifie que $\underset{\sim}{P}$ est portée par W_0, et la loi cherchée sur Ω est la loi image $\tau(\underset{\sim}{P})$.

L'ensemble Ω est muni d'opérateurs de translation θ_t. On définit comme d'habitude la tribu $\underline{\underline{F}}$ (et les tribus $\underline{\underline{F}}_t$) par complétion universelle de $\underline{\underline{F}}^\circ$ par rapport à toutes les lois $\underset{\sim}{P}$ associées aux lois d'entrée.

D38 DÉFINITION.- 1) <u>Une variable aléatoire positive</u> L <u>sur</u> Ω <u>est un temps de retour si</u>

1) $L(\omega)<\infty \Rightarrow L(\omega)\leq \zeta(\omega)$

2) <u>pour tout</u> $t\geq 0$, <u>on a</u> $L\circ\theta_t = (L-t)^+$.

2) <u>Soit</u> L <u>un temps de retour</u>. <u>On pose</u>

$$\hat{X}_t(\omega) = \partial \quad \underline{\text{si}}\ L(\omega)=\infty\ ,\ \underline{\text{ou}}\ L(\omega)\leq t$$
$$= X_{(L(\omega)-t)-}(\omega) \quad \underline{\text{si}}\ t<L(\omega)<\infty$$

<u>Le processus</u> (<u>continu à droite</u>) $(\hat{X}_t)_{t>0}$ <u>est dit retourné à</u> L.

3)<u>Pour tout</u> $s\geq 0$, <u>on désigne par</u> $\hat{\underline{\underline{F}}}_s$ <u>la tribu constituée par les</u> $A\in\underline{\underline{F}}$ <u>tels que</u>

$$\underline{\text{pour tout}}\ u\geq 0,\quad \theta_u^{-1}(A)\cap\{s+u<L\} = A\cap\{s+u<L\}$$

La notion générale de temps de retour, ainsi que le lemme fondamental relatif à ces variables aléatoires, sont dus à NAGASAWA. La définition ci-dessus est plus restrictive que celle que NAGASAWA a introduite (sous le nom de " almost L-time"). Nous ne rencontrerons en fait pas d'autre temps de retour que la durée de vie ζ ci-dessous.

Voici d'autre part une notation supplémentaire, qui servira à plusieurs reprises. Nous poserons

$$\tilde{X}_t(\omega) = \partial \text{ si } L(\omega)=\infty \text{ , ou } L(\omega)\leqq t$$
$$\tilde{X}_t(\omega) = X_{L(\omega)-t}(\omega) \text{ si } t<L(\omega)<\infty$$

Ce processus est continu à gauche, et $\hat{X}_t=\tilde{X}_{t+}$.

T39 LEMME.- Si L est un temps de retour, et si $s\geqq 0$, la variable aléatoire $L' = (L-s)^+$ est un temps de retour, et on a (les ' servant à indiquer les processus retournés à L')

$$\tilde{X}'_t = \tilde{X}_{s+t} \qquad , \qquad \hat{X}'_t = \hat{X}_{s+t}$$

DÉMONSTRATION.- On a évidemment $L'\leqq\zeta$ sur $\{L'<\infty\}$. D'autre part, on a

$$(L-s)^+\circ\theta_t = (L\circ\theta_t -s)^+=((L-t)^+-s)^+ = [(L-t-s)\vee(-s)]\vee 0 = (L-t-s)^+$$

L' est donc bien un temps de retour. Nous laissons le reste de l'énoncé au lecteur.

T40 LEMME.- Soient $s>0$, $u\geqq 0$. On a $\tilde{X}_s\circ\theta_u = \tilde{X}_s$ sur $\{s+u\leqq L\}$, $\tilde{X}_s\circ\theta_u= \partial$ sur $\{s+u>L\}$. On a $\hat{X}_s\circ\theta_u = \hat{X}_s$ sur $\{s+u<L\}$.

DÉMONSTRATION.- Il suffira de prouver les assertions relatives à $\tilde{X}_s$, en supposant $u>0$ (le cas $u=0$ est trivial).

1) Si $s+u>L$, $u\geqq L$, on a $L\circ\theta_u=0$, donc $\tilde{X}_s\circ\theta_u = \partial$.

2) Si $s+u>L$, $u<L$, on a $L\circ\theta_u=L-u$, donc $s>L\circ\theta_u$ et $\tilde{X}_s\circ\theta_u = \partial$.

3) Si $s+u \leqq L$, on a $u<L$, donc $L\circ\theta_u = L-u$ et $s<L\circ\theta_u$. Alors ou bien on a $L=\infty$, et dans ce cas $L\circ\theta_u = L-u=\infty$, et $\tilde{X}_s\circ\theta_u = \tilde{X}_s= \partial$, ou bien on a $L<\infty$ (et alors $L\circ\theta_u<\infty$), et on a dans ce cas

$$\tilde{X}_s\circ\theta_u(\omega) = X_{L(\theta_u\omega)-s}(\theta_u\omega) = X_{L(\theta_u\omega)-s+u}(\omega)=X_{L(\omega)-s}(\omega) = \tilde{X}_s(\omega).$$

T41 LEMME.- a) La famille de tribus $(\hat{\underline{\underline{F}}}_s)$ est croissante et continue à droite ; $\hat{X}_s$ est $\hat{\underline{\underline{F}}}_s$-mesurable pour tout s.

b) Si T est un temps d'arrêt de la famille $(\hat{\underline{\underline{F}}}_s)$, $(L-T)^+$ est un temps de retour.

DÉMONSTRATION.- D'après la définition de $\hat{\underline{\underline{F}}}_s$, le fait que $\hat{X}_s$ est $\hat{\underline{\underline{F}}}_s$-mesurable est simplement la dernière assertion de T40.

Supposons s<t, et soit $A\in\hat{\underline{\underline{F}}}_s$. Pour $u\geqq 0$, A et $\Theta_u^{-1}(A)$ ont même intersection avec $\{s+u<L\}$, donc a fortiori avec $\{t+u<L\}$. La famille de tribus $(\hat{\underline{\underline{F}}}_s)$ est donc croissante.

Montrons que cette famille est continue à droite. Si $A\in\hat{\underline{\underline{F}}}_{s+}$, A et $\Theta_u^{-1}(A)$ ont même intersection avec $\{s+u+\varepsilon<L\}$ pour tout $\varepsilon>0$, donc aussi avec $\{s+u<L\}$. D'où le résultat cherché.

Passons à b). La première propriété de la définition des temps de retour est évidente ; vérifions la seconde. Le fait que T est un temps d'arrêt s'énonce

$$\text{quels que soient } s>0,\ u\geqq 0\ ,\ \{T\leqq s\}\cap\{s+u<L\} = \{T\circ\Theta_u\leqq s\}\cap\{s+u<L\}$$

Plaçons nous d'abord sur $\{T+u<L\}$, et prenons s à peine plus grand que T : il vient que $T\circ\Theta_u \leqq T$ sur cet ensemble. Mais alors on a aussi $T\circ\Theta_u+u < L$, et en prenant à nouveau s à peine plus grand que $T\circ\Theta_u$, on trouve que $T\leqq T\circ\Theta_u$ sur $\{T+u<L\}$, d'où enfin

$$T= T\circ\Theta_u \quad \text{sur } \{T+u<L\}$$

On a le même résultat sur $\{T\circ\Theta_u+u<L\}$ et donc, sur la réunion de ces deux ensembles (qui sont d'ailleurs égaux !)

$$(L-T)^+\circ\Theta_u = (L\circ\Theta_u-T\circ\Theta_u)^+ = (L-u-T\circ\Theta_u)^+ = (L-u-T)^+ =((L-T)^+-u)^+$$

la seconde propriété de la définition des temps de retour est donc satisfaite dans ce cas. D'autre part, sur $\{T+u\geqq L\}\cap\{T\circ\Theta_u+u\geqq L\}$, cette seconde propriété est aussi satisfaite. En effet

$$T+u\geqq L \Rightarrow ((L-T)^+-u)^+ = 0$$

$$T\circ\Theta_u+u \geqq L \Rightarrow T\circ\Theta_u\geqq L\circ\Theta_u \quad \text{et } (L-T)^+\circ\Theta_u = 0 .$$

Le lemme est donc établi.

Nous allons passer maintenant à la démonstration du lemme fondamental de NAGASAWA. Voici d'abord des notations . Soit ϕ une fonction positive sur $\mathbb{R}_+$; nous poserons, si f est universellement mesurable positive sur E (identifiée à une fonction sur $E\cup\{\partial\}$ nulle en ∂),

$$P_\phi f(x) = \int_0^\infty \phi(t)P_t f(x)\, dt$$

Nous travaillerons sur la mesure $\underset{\sim}{P}$ associée, sur Ω, à une loi d'entrée $(\mu_t)_{t>0}$, et nous désignerons par ν la mesure $\int_0^\infty \mu_t dt$.

T42 LEMME.- <u>f et ϕ ayant les significations indiquées ci-dessus, et r désignant un nombre $\geqq 0$, H une variable aléatoire positive $\hat{\underline{\underline{F}}}_r$-mesurable</u>

on pose pour tout $x \in E$

(1) $$h_\phi(x) = \underset{\sim}{E}^x[\phi\circ(L-r).H.I_{\{r<L<\infty\}}]$$

On a alors

(2) $$\int_0^\infty \phi(t).\underset{\sim}{E}[f\circ\tilde{X}_{r+t}.H]\,dt = \int_E \nu(dy)f(y)h_\phi(y) = \langle f,h_\phi\rangle_\nu ,$$

$\underset{\sim}{E}$ désignant une espérance relative à $\underset{\sim}{P}$. On peut remplacer dans cette formule $\tilde{X}$ par $\hat{X}$.

DÉMONSTRATION.- La dernière assertion est évidente (le remplacement de $\tilde{X}$ par $\hat{X}$ ne modifie l'espérance sous le signe $\int$ que pour un ensemble dénombrable de valeurs de t). D'autre part, nous pouvons nous borner au cas où r=0 : le cas général s'y ramène en considérant le temps de retour $(L-r)^+$. Le premier membre vaut alors

$$\int_0^\infty \phi(t)dt \int f\circ X_{L-t}I_{\{t<L<\infty\}}H\, d\underset{\sim}{P} =$$

$$= \int_{\{L<\infty\}} Hd\underset{\sim}{P} \int_0^L f\circ X_{L-t}\,\phi(t)dt = \int_{\{L<\infty\}} Hd\underset{\sim}{P} \int_0^L f\circ X_v\,\phi(L-v)\,dv$$

(L peut être considéré comme exclu de l'intervalle d'intégration)
Ceci vaut aussi

$$\int_0^\infty dv \int_\Omega H.f\circ X_v.\phi(L-v).I_{\{v<L<\infty\}}\, d\underset{\sim}{P}$$

Mais l'expression sous le signe $\int_\Omega$ est égale à $[H.\phi(L).I_{\{0<L<\infty\}}]\circ\theta_v$. $.f\circ X_v$ (du fait que L est un temps de retour, et que $H\in\hat{\underline{\underline{F}}}_0$). La propriété de Markov ordinaire entraîne alors que cette intégrale est égale à $\underset{\sim}{E}[\,f\circ X_v.\underset{\sim}{E}^{X_v}[H.\phi(L).I_{\{0<L<\infty\}}]] = \underset{\sim}{E}[f\circ X_v.h_\phi\circ X_v]$. Le lemme en résulte aussitôt.

T43 LEMME.- a) Avec les notations précédentes on a, si s>r

(1) $$\int_0^\infty \phi(t)\underset{\sim}{E}[f\circ\tilde{X}_{s+t}.H]\,dt = \langle f, P_{s-r}h_\phi\rangle_\nu$$

où l'on peut remplacer $\tilde{X}$ par $\hat{X}$.

b) Soit η une seconde fonction borélienne positive sur $\mathbb{R}_+$. On a $P_\eta h_\phi = h_{\phi*\eta} = P_\phi h_\eta$.

DÉMONSTRATION.- Posons s=r+u ; comme $H\in\hat{\underline{\underline{F}}}_s$, nous pouvons appliquer la formule (42.1) avec s au lieu de r, ce qui donne

$$\int_0^\infty \phi(t).\underset{\sim}{E}[f\circ \tilde{X}_{s+t}.H]\,dt = \int \nu(dx)f(x)\underset{\sim}{E}^x[\phi\circ(L-s).H.I_{\{s<L<\infty\}}]$$

Mais $I_{\{s<L<\infty\}} = I_{\{r<L<\infty\}}\circ\theta_u$; comme $H\in\hat{\underline{\underline{F}}}_r$, il en résulte que l'expression sous le symbole $\underset{\sim}{E}^x$ est égale à $[\phi\circ(L-r).H.I_{\{r<L<\infty\}}]\circ\theta_u$. L'assertion a) découle alors de la propriété de Markov (ordinaire).

Nous venons de voir que $P_{s-r}h_\phi = \underset{\sim}{E}^\bullet[\phi\circ(L-s).H.I_{\{s<L<\infty\}}]$. Par conséquent, si η est borélienne positive

$$P_\eta h_\phi = \int_r^\infty \eta(s-r)P_{s-r}h_\phi\,ds = \underset{\sim}{E}^\bullet[\int_r^\infty \eta(s-r)\phi(L-s).H.I_{\{s<L<\infty\}}]$$

$$= \underset{\sim}{E}^\bullet[I_{\{r<L<\infty\}}H.\int_r^L \eta(s-r)\phi(L-s)ds] = h_{\eta*\phi}$$

(où η et ϕ sont identifiées à des fonctions sur $\mathbb{R}$, nulles sur la demi-droite négative). La dernière relation résulte de la commutativité de la convolution.

44 HYPOTHÈSES II (suite du n°36) .- $(\mu_t)_{t>0}$ est une loi d'entrée sur E pour le semi-groupe $(P_t)_{t>0}$, dont le potentiel $\nu=\int_0^\infty \mu_t dt$ est une mesure de Radon sur E (i.e. est finie sur les compacts). La résolvante de (P_t) est notée (U_p) .

E est un sous-ensemble d'un espace localement compact F à base dénombrable. L'injection i de E dans F est continue. Nous adoptons à cet égard les notations du n°26 (bien que F ne soit pas nécessairement compact) . En particulier, les mesures sur E sont identifiées aux mesures (non nécessairement de Radon) sur F, portées par E.

$(\hat{P}_t)_{t>0}$ est un semi-groupe sous-markovien sur F, qui satisfait sur F à l'hypothèse du n°36 ; sa résolvante est notée $(\hat{U}_p)$. Les opérateurs $\hat{P}_t, \hat{U}_p$, sont notés comme des <u>conoyaux</u> sur F (i.e., ils opèrent à droite sur les fonctions, à gauche sur les mesures : cf le début du chapitre II). Nous supposons en outre

- que les mesures $\hat{U}_p(dx,y)$ sont portées par E pour p>0, $y\in F$.

- que les résolvantes (U_p) et $(\hat{U}_p)$ sont en dualité par rapport à ν : si $f\in \underline{\underline{C}}_c^+(E)$, $g\in\underline{\underline{C}}_c^+(E)$, p>0 , on a

$$\int_E f.U_p g\,d\nu = \int_E f\hat{U}_p.g\,d\nu^{(*)}$$

* La notation $\int \hat{U}_p$ a un sens, puisque $\hat{U}_p(\cdot,y)$ est portée par E pour tout y. On peut aussi considérer ces intégrales comme étendues à F, au prix de quelques identifications.

Dans les applications, F sera le plus souvent identique à E (nous obtiendrons alors le théorème de retournement du temps ordinaire, celui que l'on trouve dans l'exposé du séminaire). Mais au chap.V, F sera construit par compactification à partir de E et de la résolvante $(\hat{U}_p)$ sur E, à la manière du §5.

Soit ϕ une fonction borélienne positive sur $\mathbb{R}_+$. On vérifie sans peine que l'on a aussi

$$< f, P_\phi g > = < f\hat{P}_\phi, g > \quad (f,g \text{ boréliennes positives})$$

Voici le théorème de retournement. Les notations sont celles qui ont été introduites plus haut : en particulier, L est un temps de retour.

T45 THÉORÈME.- Ω étant muni de la loi $\underset{\sim}{P}$ associée à (μ_t), le processus $(\hat{X}_t)_{t>0}$ est un processus de Markov, qui admet $(\hat{P}_t)_{t>0}$ comme semi-groupe de transition(*) .

DÉMONSTRATION.- Nous allons commencer par quelques calculs : soient $0<r<s$, H une variable aléatoire positive $\hat{\underline{\underline{F}}}_r$-mesurable ; ϕ et η ayant la même signification que dans les n°s 42-43, f étant borélienne bornée sur E (nulle en ∂ , identifiée à une fonction sur F nulle sur $F\setminus E$), on a

(1) $\int_0^\infty \phi(t).\underset{\sim}{E}[f\circ\hat{X}_{s+t}.H]\, dt = < f, P_{s-r}h_\phi >$ (T43)

(1') $\int_0^\infty \phi(t)\underset{\sim}{E}[\hat{P}_t(f,\hat{X}_s).H]\, dt = \underset{\sim}{E}[\hat{P}_\phi(f,\hat{X}_s).H]$ (Fubini)

(2) $\int_r^\infty \eta(s-r) <f,P_{s-r}h_\phi>_\nu\, ds = < f, P_\eta h_\phi >_\nu$ (Fubini)

(2') $\int_r^\infty \eta(s-r).\underset{\sim}{E}[f\hat{P}_\phi\circ\hat{X}_s.H]\, ds = < f\hat{P}_\phi, h_\eta >_\nu$ (T42)

Mais $< f\hat{P}_\phi,h_\eta >_\nu = < f,P_\phi h_\eta >_\nu$(dualité) , et ceci vaut aussi $<f,P_\eta h_\phi>$ (T43). Par conséquent, les seconds membres de (2) et (2') sont égaux, donc aussi les premiers membres. Prenons $f\in\underline{\underline{C}}_c(E)$, $\phi\in\underline{\underline{C}}_c(\mathbb{R}_+)$, $\eta\in\underline{\underline{C}}_c(\mathbb{R}_+)$; comme ν est une mesure de Radon, toutes les quantités qui interviennent sont finies. Vu l'arbitraire de η, nous obtenons le résultat auxiliaire suivant

Il existe un ensemble $N_{H\phi rf}\subset\mathbb{R}_+$, négligeable pour la mesure de Lebesgue, tel que l'on ait pour $s>r$, $s\notin N_{H\phi rf}$

(3) $$< f,P_{s-r}h_\phi >_\nu = \underset{\sim}{E}[f\hat{P}_\phi\circ\hat{X}_s.H]$$

(*) En tant que processus à valeurs dans F.

Désignons par N la réunion des $N_{H\phi rf}$, où

- f parcourt une suite dense dans $\underline{\underline{C}}_c(E)$,
- ϕ parcourt une suite dense dans $\underline{\underline{C}}_c(\mathbb{R}_+)$,
- r parcourt l'ensemble des rationnels >0,
- pour chaque r (rationnel >0), H parcourt une algèbre sur les rationnels de fonctions $\hat{\underline{\underline{F}}}_r$-mesurables bornées, dénombrable, engendrant la tribu séparable $\underline{\underline{T}}(\hat{X}_u,\ u\leq r)$. Alors :

<u>Si</u> s>0 <u>n'appartient pas à l'ensemble négligeable</u> N, <u>on a</u>

(4) $\quad < f,\ P_{s-r}h_\phi >_\nu = \underline{E}[f\hat{P}_\phi\circ\hat{X}_s.H]$

<u>pour tout</u> $f\in\underline{\underline{C}}_c(E)$, <u>tout</u> $\phi\in\underline{\underline{C}}_c(\mathbb{R}_+)$, <u>tout</u> r <u>rationnel</u>, <u>tout</u> H <u>borné</u>, <u>mesurable par rapport à</u> $\underline{\underline{T}}(\hat{X}_u, u\leq r)$.

Mais alors on a avec les mêmes notations, pour <u>tout</u> $t\geq 0$

(5) $\quad \underline{E}[f\circ\hat{X}_{s+t}.H] = \underline{E}[f\hat{P}_t\circ\hat{X}_s.H]$

En effet , (4) exprime l'égalité des seconds membres de (1) et (1') ; les premiers membres sont donc égaux ; comme ϕ est arbitraire, (5) a lieu pour presque tout t. D'autre part, la fonction $\underline{E}[f\circ\hat{X}_{s+t}.H]$ est continue à droite si $f\in\underline{\underline{C}}_c(E)$, d'après la continuité à droite des trajectoires du processus $(\hat{X}_u)$ et le th. de Lebesgue ; pour tout $x\in F$, $t\mapsto f\hat{P}_t(x)$ est continue à droite d'après l'hypothèse faite sur $(\hat{P}_t)$, donc le second membre de (5) est aussi une fonction de t continue à droite (th. de Lebesgue). D'où l'égalité pour tout t.

Choisissons un ensemble dénombrable dense $D\subset\complement N$, tel que l'on ait $\underline{P}$-p.s. $\hat{X}_u=\tilde{X}_u$ pour $u\in D$. Fixons $s\in D$, et désignons par λ_u $(u\geq 0)$ la loi de la variable aléatoire $\hat{X}_{s+u}$ sur E (c'est une mesure de masse ≤ 1), et par λ'_u la mesure $\hat{P}_u\lambda_0$ sur F. Notre premier point va consister à démontrer que $\lambda_u=\lambda'_u$ pour tout u, et donc que λ'_u est portée par E.

Tout d'abord, le processus $(\hat{X}_{s+u})$ étant continu à droite, l'application $u\mapsto\lambda_u$ de $\mathbb{R}_+$ dans l'espace des mesures bornées sur F est continue à droite pour la convergence étroite (en vertu du th. de Lebesgue). De même, il existe un processus markovien continu à droite (Z_t) admettant $(\hat{P}_u)$ comme semi-groupe de transition, (λ'_u) comme loi d'entrée ; $u\mapsto\lambda'_u$ est donc aussi continue à droite. Il suffit donc de montrer que $\lambda_u=\lambda'_u$ pour presque tout u.

Appliquons (5), en posant s+t=u et en prenant $H=\Omega$. Comme f est un élément arbitraire de $\underline{\underline{C}}_c(E)$, nous obtenons

(6) $\lambda_u|E = \lambda'_u|E$, ou $\lambda_u = I_E.\lambda'_u$

Multiplions par e^{-pu} et intégrons : il vient que $\int_0^\infty e^{-pu}\lambda_u du = I_E.\hat{U}_p\lambda_0$. Mais $\hat{U}_p\lambda_0$ est portée par E par hypothèse, donc cette mesure est égale à $\hat{U}_p\lambda_0 = \int_0^\infty e^{-pu}\lambda'_u\, du$, et le fait que $\lambda_u=\lambda'_u$ pp s'obtient grâce à l'unicité de la transformation de Laplace.

Ce point étant établi, revenons à (5) . Comme $\hat{X}_s = \tilde{X}_s$ p.s., la tribu $\underline{\underline{T}}(\hat{X}_v\ , v\leq s)$ est engendrée aux ensembles de mesure nulle près par la réunion des tribus $\underline{\underline{T}}(\hat{X}_v, v\leq r)$, r parcourant l'ensemble des rationnels <s. Par conséquent (5) s'écrit

si $f\in\underline{\underline{C}}_c(E)$, $\underline{E}[f\circ\hat{X}_{s+t}|\ \hat{X}_v\ , v\leq s] = f\hat{P}_t\circ\hat{X}_s$ p.s. (pour tout t)

Ceci s'étend par classes monotones à une fonction f borélienne bornée sur E . D'après ce qui précède, on a le même résultat pour une fonction borélienne bornée sur F, nulle sur E , car les deux membres sont alors nuls p.s. L'égalité vaut donc si f est borélienne bornée sur F, et nous en déduisons aussitôt que

<u>Le processus $(\hat{X}_s)_{s\in D}$ est un processus de Markov qui admet $(\hat{P}_t)$ comme semi-groupe de transition.</u>

Nous allons étendre ce résultat au processus $(\hat{X}_v)_{v>0}$. Pour tout t>0, définissons une mesure η_t de la manière suivante : nous choisissons $s\in D\cap]0,t[$, nous désignons par λ_s la loi de $\hat{X}_s$ et posons $\eta_t = \hat{P}_{t-s}\lambda_s$. Il est clair que η_t ne dépend pas du choix de s, et que $(\eta_t)_{t>0}$ est une loi d'entrée pour $(\hat{P}_t)_{t>0}$. Il existe donc un processus markovien continu à droite (Y_t) admettant $(\hat{P}_t)$ comme semi-groupe de transition et (η_t) comme loi d'entrée (T37). Mais alors les processus $(Y_t)_{t\in D}$ et $(\hat{X}_t)_{t\in D}$ sont équivalents (ont même loi) : comme les deux processus sont continus à droite, il en est de même des processus $(Y_t)_{t>0}$ et $(\hat{X}_t)_{t>0}$; le premier étant markovien et admettant $(\hat{P}_t)$ comme semi-groupe de transition, il en est de même du second.

46 REMARQUE.- Supposons que X_{L-} existe p.s. dans F sur $\{0<L<\infty\}$ - autrement dit, que $\hat{X}_0$ existe p.s. dans F. On ne peut pas affirmer alors (contrairement à ce qui était affirmé dans le Séminaire) que le processus $(\hat{X}_t)_{t\geq 0}$ soit un processus markovien admettant $(\hat{P}_t)$ comme semi-groupe de transition. Supposons cependant qu'il en soit ainsi pour tout temps de retour L tel que X_{L-} existe p.s. sur $\{0<L<\infty\}$ (nous laissons au lecteur la recherche de conditions analytiques sur $(\hat{P}_t)$ entraînant cette hypothèse). On peut alors donner un résultat plus précis : le processus $(\hat{X}_t)_{t>0}$ est markovien par rapport à la famille $(\hat{\underline{\underline{F}}}_t)$. En effet, soit $r>0$, soit $H\in\hat{\underline{\underline{F}}}_r$; posons $T=r$ sur H , $T=\infty$ sur H^c : T est un temps d'arrêt de la famille $(\hat{\underline{\underline{F}}}_t)$, et $L'=(L-T)^+$ est donc un temps de retour (n°41). En outre, on a $L'<\zeta$ sur $\{L'<\infty\}$, donc $X_{L'-}$ existe p.s. sur $\{0<L'<\infty\}$. On a donc d'après ce qui précède, en désignant par $\hat{X}'$ le processus retourné à L', si $t>r$ et si f est nulle en ∂

$$\underset{\sim}{E}[f\circ\hat{X}'_{t-r}] = \underset{\sim}{E}[f\hat{P}_{t-r}\circ\hat{X}'_0]$$

ou encore

$$\underset{\sim}{E}[f\circ\hat{X}_t.I_H] = \underset{\sim}{E}[f\hat{P}_{t-r}\circ\hat{X}_r\ .\ I_H]$$

qui est le résultat cherché. On notera que le raisonnement qui précède s'applique à un temps d'arrêt T de la famille $(\hat{\underline{\underline{F}}}_t)$ quelconque, et montre donc que le processus $(\hat{X}_t)_{t>0}$ est fortement markovien , sous l'hypothèse ci-dessus.

47 Voici l'exemple, communiqué par M.J.WALSH, qui montre le rôle de l'hypothèse du n°46. Le dessin suivant " représente" le processus (X_t) de semi-groupe (P_t) : il s'agit d'un processus déterministe, de translation uniforme vers la droite avec la vitesse 1 . Nous lui donnerons la mesure initiale $\mu=\frac{1}{2}(\varepsilon_A+\varepsilon_B)$.

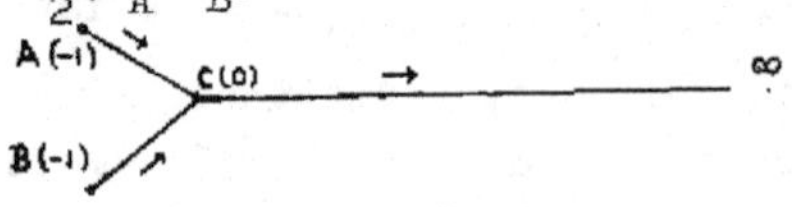

Le dessin ci-dessous représente le semi-groupe $(\hat{P}_t)$: c'est un processus de translation uniforme vers la gauche, avec la vitesse 1, tué en A et B. Une particule atteignant C choisit la branche supérieure ou la branche inférieure avec probabilité 1/2.

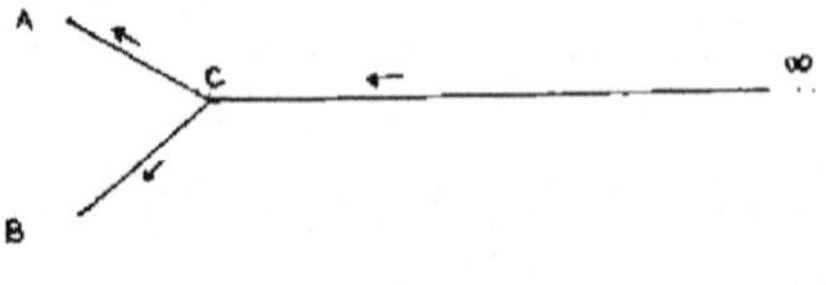

Les processus obéissant au semi-groupe $(\hat{P}_t)$ ne sont pas fortement markoviens : ils ne sont même pas markoviens par rapport à leur famille de tribus naturelle rendue continue à droite. D'autre part, (P_t) et $(\hat{P}_t)$ sont en dualité par rapport à la mesure μU égale à λ (mesure de Lebesgue) sur (C,∞), à $\frac{1}{2}\lambda$ sur CA et CB. Ces deux semi-groupes satisfont à toutes les hypothèses des nos 36 et 44.

Considérons alors le temps de retour $L = \sup \{t : X_t \in CA\}$. Le processus retourné à L est un processus $(\hat{X}_t)_{t>0}$ de translation uniforme vers la gauche sur la branche supérieure, tué en A. Sa loi d'entrée $(\nu_t)_{t>0}$ est donnée par $\nu_t = \frac{1}{2}\varepsilon_{s(t)}$ pour $0<t<1$, $s(t)$ étant le point d'abscisse $-t$ sur la branche supérieure, $\nu_t = 0$ pour $t \geq 1$. On notera que la limite $\hat{X}_0$ existe et est égale à C, mais que le processus $(\hat{X}_t)_{t\geq 0}$ n'admet pas $(\hat{P}_t)$ comme semi-groupe de transition .

48 L'hypothèse suivante relative au semi-groupe $(\hat{P}_t)$ entraîne évidemment l'hypothèse du n°46 ; elle ne fait pas intervenir le semi-groupe (P_t), ni les retournements :

Pour tout processus markovien continu à droite $(\hat{X}_t)_{t>0}$ admettant $(\hat{P}_t)$ comme semi-groupe de transition, et tel que la variable aléatoire $\hat{X}_0 = \lim_{t\to 0} \hat{X}_t$ existe p.s. (limite prise dans F), le processus $(\hat{X}_t)_{t\geq 0}$ - évidemment markovien - admet $(\hat{P}_t)$ comme semi-groupe de transition.

Nous allons montrer maintenant que si $(\hat{P}_t)$ - ou plutôt sa résolvante $(\hat{U}_p)$ - satisfait aux hypothèses du §5, et si F est construit à partir de E par une compactification du type envisagé dans ce paragraphe, alors l'hypothèse précédente est satisfaite . Nous allons reprendre les notations du §5 , et en particulier supprimer les ^ .

T49 THÉORÈME (Hypothèses et notations du §5) .- Soit $(X_t)_{t>0}$ un processus de Markov continu à droite à valeurs dans F, admettant (P_t) comme semi-groupe de transition, $(\mu_t)_{t>0}$ comme loi d'entrée(*). Alors :

1) La limite X_0 $(=X_{0+}) = \lim_{t\to 0} X_t$ existe p.s.

2) Soit μ_0 la loi de X_0 . Alors $\mu_t = \mu_0 P_t$ pour tout $t>0$

3) Le processus $(X_t)_{t\geq 0}$ admet (P_t) comme semi-groupe de transition.

4) μ_0 est portée par D.

DÉMONSTRATION.- Soit g une fonction continue sur F, surmédiane par rapport à la résolvante (U_p), et soit $\hat{g}$ sa régularisée excessive. Comme les trajectoires de (X_t) ne rencontrent (p.s.) pas $F\setminus D$ (extension immédiate de T35), les processus $(g\circ X_t)$ et $(\hat{g}\circ X_t)$ sont indistinguables. Le

(*) Cela sous-entend que $\mu_t(F) \leq 1$ pour tout t .

second est une surmartingale bornée, il en est donc de même du premier. La limite $\lim_{t\to 0} g\circ X_t$ existe donc p.s. . En utilisant une suite de fonctions continues séparant F, on voit aussitôt que X_{0+} existe p.s.. Il est évident que μ_0 est limite vague de μ_t lorsque $t\to 0$.

Nous savons que la mesure $\mu_0 U$ est portée par E . Il en est de même de la mesure $\int_0^\infty \mu_t dt$, car $F\setminus E$ est un ensemble de potentiel nul pour le semi-groupe (P_t). Or soit $f\in \underline{\underline{C}}_c^+(E)$; la fonction Uf est continue bornée sur F, et nous avons donc

$$+\infty > <\mu_0, Uf> = \lim_{t\to 0} <\mu_t, Uf> = \lim_{t\to 0} \int_t^\infty <\mu_s, f> ds = \int_0^\infty <\mu_t, f> dt.$$

Ainsi, $\mu_0 U = \int_0^\infty \mu_t dt$ (et les deux membres sont des mesures de Radon sur E). Il en résulte, en appliquant cela à $U_p f$ $(f\in \underline{\underline{C}}_c^+(E))$

$$<\mu_0 UU_p, f> = \int_0^\infty <\mu_t U_p, f> dt$$

Noter que le premier membre, majoré par $\frac{1}{p}<\mu_0 U, f>$, est fini. Le second membre est limite , lorsque $t\to 0$, de $\int_t^\infty <\mu_s U_p, f> ds = <\mu_t UU_p, f> = \frac{1}{p}<\mu_t U - \mu_t U_p, f> = \frac{1}{p}[<\mu_t, Uf> - \int_t^\infty e^{pt} e^{-ps} <\mu_s, f> ds]$. Par conséquent, si $t\to 0$.

$$<\mu_0 pUU_p, f> = <\mu_0 U, f> - \int_0^\infty e^{-ps} <\mu_s, f> ds$$

Ou, comme $pUU_p = U - U_p$, en comparant à $\mu_0 U = \int_0^\infty \mu_s ds$

$$<\mu_0 U_p, f> = \int_0^\infty e^{-ps} <\mu_s, f> ds \qquad (f\in \underline{\underline{C}}_c(E))$$

Les deux membres sont des mesures en f, portées par E. Ces relations s'étendent donc à $f\in \underline{\underline{C}}(F)$. Inversons alors la transformation de Laplace, il vient

$$\mu_0 P_s = \mu_s \qquad (s>0)$$

c'est à dire l'assertion 2).

Construisons alors le processus markovien du n° 34, admettant μ_0 comme loi initiale, (P_t) comme semi-groupe de transition ; désignons le par $(Y_t)_{t\geq 0}$. Les processus continus à droite $(Y_t)_{t>0}$ et $(X_t)_{t>0}$ ont même loi. Nous savons d'après T34 que la limite Y_{0+} existe p.s. ; la loi de Y_{0+}, égale à $\mu_0 P_0$ (et portée par D) est évidemment égale à la limite vague des lois $\mu_t, t>0$, c'est à dire à μ_0. Autrement dit, μ_0 est portée par D, d'où l'assertion 4). Mais cela entraîne que $Y_{0+} = Y_0$ p.s., et par conséquent les variables aléatoires Y_{0+}, Y_t $(t>0)$ constituent un processus de Markov admettant (P_t) comme semi-groupe de transition. Il en est donc de même du processus X_{0+}, X_t $(t>0)$ qui a la même loi, et le théorème est établi.

APPENDICE : Une application du théorème de BLUMENTHAL-GETOOR

Voici une application importante du fait que tous les processus standard satisfont au théorème du balayage :

T50 THÉORÈME.- Soit (P_t) un semi-groupe standard satisfaisant à l'hypothèse de continuité absolue. Soient u une fonction excessive finie pp, A une partie borélienne de E. Il existe alors une suite décroissante (A_n) d'ouverts fins contenant $A\setminus\{u=\infty\}$, telle que $P_{A_n}u \downarrow P_A u$ pp .

DÉMONSTRATION.- Choisissons une mesure bornée η telle que $\eta(B)=0 \iff$ B est de potentiel nul, et que $<\eta,u> < \infty$ - c'est possible, puisque u est finie pp . D'après le théorème du balayage , il existe une suite décroissante (g_n) de fonctions excessives majorées par u, majorant u sur A, telles que $<\eta,g_n> \to <\eta,P_A u>$; on a alors $\lim g_n = P_A u$ pp. Posons $A_n = \{g_n > u-\frac{1}{n}\}$; les A_n forment une suite décroissante d'ensembles finement ouverts contenant $A\cap\{u<\infty\}$, et on a $g_n \geqq u-\frac{1}{n}$ sur l'adhérence fine de A_n, donc

$$P_{A_n}u \leqq P_{A_n}(g_n+\frac{1}{n}) \leqq g_n + \frac{1}{n}$$

On a donc $\lim_{n\to\infty} P_{A_n}u \leqq P_A u$ pp . Mais d'autre part A_n contient A à un ensemble polaire près, donc $P_{A_n}u \geqq P_A u$ pour tout n, et le théorème est établi.

CHAPITRE II.- L'HYPOTHÈSE K-W . QUELQUES CONSÉQUENCES

1 NOTATION.- Dans la notation traditionnelle, les noyaux opèrent à droite sur les mesures, à gauche sur les fonctions : si A est un noyau, si μ et f sont respectivement une mesure positive, une fonction mesurable positive, μA est une mesure, Af une fonction.

Nous appellerons <u>conoyau</u>, dans la suite, un noyau $\hat{A}$ pour lequel la notation inverse sera employée : $f\hat{A}$ est une fonction, $\hat{A}\mu$ une mesures. Les lettres désignant les conoyaux seront <u>toujours</u> surmontées d'un ^ . Si $\hat{A}$ est un conoyau, nous écrirons $\hat{A}(dy,x)$ sous les symboles d'intégration , au lieu de la notation traditionnelle $A(x,dy)$ (nous n'irons pas jusqu'à écrire $(yd,x)\hat{A}$).

Soit a un <u>noyau-fonction</u> sur E, i.e. une fonction borélienne positive sur $E\times E$, et soit m une mesure positive sur E. On peut associer au couple (a,m) un noyau A et un conoyau $\hat{A}$ de la manière suivante : si f est mesurable positive

$$Af = \int a(.,y)f(y)m(dy) \quad , \quad f\hat{A} = \int m(dx)a(x,.)$$

Plus généralement, si μ est une mesure positive sur E, on pose

$$A\mu = \int a(.,y)\mu(dy) \quad , \quad \mu\hat{A} = \int \mu(dx)a(x,.)$$

On remarquera qu'il s'agit là de fonctions, non de mesures (et que la notation ne présente aucune ambiguïté : μ est placée du " mauvais côté"). Plus précisément, la <u>mesure</u> μA admet la densité $\mu\hat{A}$ par rapport à m , et de même $\hat{A}\mu$ admet pour densité $A\mu$. Si μ et ν sont des mesures positives, on a

$$< \mu\hat{A} \, , \, \nu > \; = \; < \mu , A\nu > \qquad \text{(th. de Fubini)}$$

D'autre part, le noyau A et le conoyau $\hat{A}$ sont <u>en dualité</u> par rapport à m : cela signifie que, si f et g sont boréliennes positives, on a

$$< f\hat{A} \, , \, g >_m \; = \; < f, Ag >_m$$

Ces notations seront utilisées dans toute la suite. On prendra garde que toute "identification de fonctions aux mesures" dépend du choix d'une mesure de base, même si celle-ci n'apparaît pas dans les notations.

L'HYPOTHÈSE K-W

Cette hypothèse apparaît de plus en plus comme la " bonne " hypothèse à faire si l'on veut conserver toute la richesse de la théorie classique du potentiel. KUNITA et T.WATANABE l'ont introduite sous le nom d'hypothèse (B), mais cela prête à confusion avec l'hypothèse (B) de HUNT. Aussi l'appellerons nous hypothèse K-W. La voici :

2 HYPOTHÈSE.- (P_t) est un semi-groupe sousmarkovien standard sur E ; sa résolvante est notée (U_p). Pour tout compact K, la fonction $U(.,K)$ est bornée.

a) η est une mesure de Radon positive sur E ; les mesures $\varepsilon_x U_p$ sont absolument continues par rapport à η.

b) $(\hat{U}_p)$ est une corésolvante sur E (i.e. une résolvante formée de conoyaux), non nécessairement sousmarkovienne, en dualité avec (U_p) par rapport à η : si f et g sont boréliennes positives, et $p \geq 0$,

$$< f, U_p g >_\eta = < f\hat{U}_p, g >_\eta .$$

c) Si $f \in \underline{\underline{C}}_c(E)$, $pf\hat{U}_p \longrightarrow f$ lorsque $p \to \infty$.

d) Si f est une fonction borélienne bornée à support compact dans E, la fonction $f\hat{U}_p$ est continue bornée pour tout $p \geq 0$ (soulignons : y compris pour p=0).

CONSÉQUENCES ÉLÉMENTAIRES

3 1) Les mesures $U_p(x,dy)$ étant absolument continues par rapport à η, on voit que η charge tout ouvert (et même tout ouvert fin).

2) La résolvante (U_p) étant supposée donnée, il existe au plus une corésolvante $(\hat{U}_p)$ satisfaisant aux conditions ci-dessus : en effet, si $f \in \underline{\underline{C}}_c(E)$, la dualité détermine $f\hat{U}_p$ η-pp ; comme $f\hat{U}_p$ est continue et η charge tout ouvert, cela détermine $f\hat{U}_p$ partout .

3) Montrons qu'un ensemble borélien A est η-négligeable si et seulement s'il est de potentiel nul (pour (U_p)). Il est clair que

A est η-négligeable $\Rightarrow$ A est de potentiel nul .

Inversement, si A est de potentiel nul, soit $f \in \underline{\underline{C}}_c^+(E)$; on a $< f, U_p I_A >_\eta = 0$. D'après le lemme de Fatou et c), il vient $< f, I_A >_\eta = 0$, et enfin $\eta(A)=0$.

4) Soit f une fonction borélienne positive, bornée et à support compact, η-négligeable ; on a $< f\hat{U}, g >_\eta = < f,Ug >_\eta = 0$ quelle que soit g, donc $f\hat{U} = 0$ η-pp , donc partout puisque $f\hat{U}$ est continue et que η charge tout ouvert . Autrement dit, les mesures $\hat{U}_p(dx,y)$ sont absolument continues par rapport à η . La démonstration de 3) montre alors qu'un ensemble borélien est η-négligeable si et seulement s'il est de copotentiel nul

5) Si f est une fonction universellement mesurable positive, et $p>0$, on a $f\hat{U}_p = \sup \phi\hat{U}_p$, ϕ parcourant l'ensemble des fonctions s.c.s. ≥ 0, bornées à support compact, majorées par f. Toute fonction $\phi\hat{U}_p$ de ce type étant continue, $f\hat{U}_p$ est s.c.i. Une fonction p-coexcessive étant l'enveloppe supérieure d'une suite croissante de p-copotentiels , toute fonction coexcessive est s.c.i. ; cela vaut aussi évidemment pour p=0 également.

Supposons que f soit universellement mesurable positive, bornée et à support compact ; on a alors aussi $f\hat{U}_p = \inf s\hat{U}_p$, s parcourant l'ensemble des fonctions s.c.i. bornées à support compact majorant f. Il en résulte que $f\hat{U}_p$ est s.c.s., et donc continue d'après ce qui précède. Autrement dit, la propriété d) du n°2 vaut pour des fonctions universellement mesurables , au lieu de boréliennes.

Dans l'énoncé suivant, nous désignons par $\underline{\underline{B}}_u$ la tribu des ensembles universellement mesurables sur E . Ce théorème très important est dû à KUNITA-WATANABE .

T4 THÉORÈME.- Il existe pour chaque $p\geq 0$ une fonction $(x,y)\mapsto g_p(x,y)$ sur E×E, positive, $\underline{\underline{B}}_u\times\underline{\underline{B}}$-mesurable(*), possédant les propriétés suivantes

1) $U_p(x,dy) = g_p(x,y)\eta(dy)$ pour tout x

$\hat{U}_p(dx,y) = \eta(dx)g_p(x,y)$ pour tout y

2) $g_p(x,.)$ est p-coexcessive pour tout x

$g_p(.,y)$ est p-excessive pour tout y

DÉMONSTRATION.- Nous nous bornerons à indiquer la marche à suivre. Le lecteur pourra consulter pour plus de détails l'article de KUNITA-WATANABE, ou un exposé de WEIL d'après cet article dans le Séminaire de Probabilités de Strasbourg, vol.1.

(*) $\underline{\underline{B}}\times\underline{\underline{B}}$-mesurable, si la résolvante (U_p) transforme les fonctions boréliennes en fonctions boréliennes.

On commence par choisir une fonction $v_p(x,y)$ sur $E\times E$, mesurable par rapport à $\underline{\underline{B}}(E)\times\underline{\underline{B}}(E)$, telle que pour tout y , $v_p(\cdot,y)$ soit une densité de $\hat{U}_p(\cdot,y)$ par rapport à η (l'existence d'une telle fonction résulte de VIII.10). On définit les noyaux $V_p(x,dy)$, les conoyaux $\hat{V}_p(dx,y)$, par les formules

$$V_pf = \int v_p(\cdot,y)f(y)\eta(dy)$$

$$f\hat{V}_p = \int\eta(dx)f(x)v_p(x,\cdot) = f\hat{U}_p$$

Les noyaux V_p et U_p sont donc tous deux en dualité avec $\hat{U}_p$. Il en résulte aussitôt que pour chaque f on a η-pp $V_pf=U_pf$.

Désignons ensuite par v_{py} la fonction $v_p(\cdot,y)$. On a pour tout $q>0$ $qU_{p+q}v_{py} \leqq v_{py}$ η-pp . En effet, on a si f est positive

$$< f, qU_{p+q}v_{py} >_\eta = < qf\hat{U}_{p+q}, v_{py}>_\eta = qf\hat{U}_{p+q}\hat{U}_p{}^y$$

$$< f, v_{py} >_\eta = f\hat{U}_p{}^y \leqq q\hat{U}_{p+q}\hat{U}_p{}^y$$

d'où le résultat cherché. Cela signifie que v_{py} est une fonction " presque-p-surmédiane " , et entraîne que $qU_{p+q}v_{py}$ tend en croissant, lorsque $q\rightarrow\infty$, vers une fonction p-excessive g_{py} , égale pp à v_{py}. On pose $g_{py}(x) = g_p(x,y)$. Ainsi

$g_p(\cdot,y)$ est p-excessive, pour tout y

$\hat{U}_p(dx,y) = \eta(dx)g_p(x,y)$ pour tout y

et on vérifie aussitôt que $(x,y)\mapsto g_p(x,y)$ est mesurable par rapport à $\underline{\underline{B}}_u\times\underline{\underline{B}}$ (on peut remplacer $\underline{\underline{B}}_u$ par la tribu presque-borélienne dans tous les cas, par la tribu borélienne si U_p transforme les fonctions boréliennes en fonctions boréliennes).

Montrons ensuite que $U_p(x,dy) = g_p(x,y)\eta(dy)$: soit G_p le noyau construit à partir du noyau-fonction g_p ; G_p et U_p sont tous deux en dualité avec $\hat{U}_p$, et par conséquent $U_pf = G_pf$ η-pp , si f est borélienne positive. Mais les deux membres sont des fonctions p-excessives, de sorte qu'ils sont égaux partout, ce qui est le résultat voulu.

Enfin, il reste à montrer que $g_p(x,\cdot)$ est p-coexcessive pour tout x . On a

$$qU_{p+q}g_p(\cdot,y)^x = \int qg_{p+q}(x,z)\eta(dz)g_p(z,y) = qg_{p+q}(x,\cdot)\hat{U}_p{}^y$$

Le premier membre tend en croissant vers $g_p(x,y)$ lorsque $q\rightarrow\infty$, puisque

$g_p(\cdot,y)$ est p-excessive . D'autre part, le dernier membre , en tant que fonction de y, est un p-copotentiel de fonction positive, donc une fonction p-coexcessive (en vertu de IX.T57 , parce que les co-noyaux $\hat{U}_p$ sont strictement positifs : cf. l'hypothèse K-W, n°2, c) ; si l'on avait $\hat{U}_p(\cdot,y)=0$, on aurait $\hat{U}_{p+q}(\cdot,y)=0$ pour tout $q>0$, et cette condition ne pourrait être satisfaite). La fonction $g_p(x,\cdot)$ est donc limite d'une suite croissante de fonctions p-coexcessives, et elle est donc p-coexcessive.

5 NOTATIONS ET DÉFINITIONS .- Si μ est une mesure positive, les fonctions (respectivement excessive et coexcessive)

$$G\mu = \int g(\cdot,y)\mu(dy) \quad ; \quad \mu\hat{G} = \int \mu(dx)g(x,\cdot)$$

(où l'on a posé $g=g_0$) sont appelées respectivement le potentiel de Green et le copotentiel de Green de la mesure μ . On a des définitions analogues pour $p>0$.

Si l'on convient d'identifier une fonction universellement mesurable positive f à la mesure $f.\eta$, on peut écrire $Gf=Uf$, $G_pf = U_pf$. Mais ces notations sont dangereuses, car nous ferons varier la mesure de base η dans la suite . Aussi conserverons nous les notations U_pf et $f\hat{U}_p$ avec soin dans la suite de ce chapitre.

MESURES ÉTALONS

T6 THÉORÈME.- Pour qu'une fonction excessive (ou q-excessive , $q>0$) soit localement η-intégrable, il faut et il suffit qu'elle soit finie presque partout.

DÉMONSTRATION.- Nous nous bornerons à montrer qu'une fonction excessive u , finie pp, est localement η-intégrable. Soit $p>0$ et soit $y\in E$; nous allons construire un voisinage A de y sur lequel u est intégrable. La mesure $\hat{U}_p(dx,y)$ n'est pas nulle d'après la condition c) de D2 ; elle ne charge pas l'ensemble de potentiel nul $\{u=\infty\}$, et il existe donc un $x\in E$ tel que $u(x)<\infty$ et $g_p(x,y)>0$. L'ensemble $A = \{z : g_p(x,z)>0\}$ contient alors y pour $\varepsilon>0$ assez petit ; comme $g_p(x,\cdot)$ est p-coexcessive, donc s.c.i., A est ouvert. D'autre part u est intégrable sur A, car $+\infty > u(x) \geq pU_p(x,u) \geq \int_A pg_p(x,t)u(t)\eta(dt)$ $\geq p\varepsilon \int_A u(t)\eta(dt)$.

D7 DÉFINITION.- Une mesure de Radon $r \geq 0$ est une mesure étalon si $r\hat{G}$ est une fonction continue sur E à valeurs dans $\overline{\mathbb{R}}_+$, strictement positive en tout point de E.

T8 THÉORÈME.- Soit u une fonction excessive finie pp. Il existe une mesure étalon r telle que $< r,u > < \infty$, et que $r\hat{G}$ soit bornée.

DÉMONSTRATION.- Soit $f \in \underline{\underline{C}}_c^+(E)$; $f\hat{U}$ est continue, positive, bornée, strictement positive sur $\{f>0\}$ (D2 , c)) , et on a $< f,u >_\eta < \infty$ (T6) . Choisissons alors des fonctions $f_n \in \underline{\underline{C}}_c^+(E)$ telles que les ouverts $\{f_n>0\}$ recouvrent E, et posons $g = \sum_n a_n f_n$, où les constantes $a_n>0$ sont choisies telles que $g\hat{U}$ soit bornée, et que $< g,u >_\eta < \infty$. Il ne reste plus qu'à poser $r=g.\eta$.

T9 COROLLAIRE.- Soit μ une mesure positive ; si $G\mu$ est finie pp, μ est une mesure de Radon.

DÉMONSTRATION.- On choisit une mesure étalon r telle que $< r,G\mu > < \infty$. Alors $< r\hat{G},\mu > < \infty$, et $r\hat{G}$ est localement bornée inférieurement (D7), d'où le résultat.

T10 THÉORÈME.- Soit r une mesure étalon. Pour tout compact K, il existe une constante a_K telle que l'on ait

$$\int_K u \, d\eta \leq a_K < r,u > \quad \text{pour toute fonction excessive } u .$$

DÉMONSTRATION.- Prenons un $p>0$. Si $x \in E$, on vérifie sans peine à partir de l'équation résolvante que la fonction $q \mapsto r\hat{G}_q(x)$ est complètement monotone(*); elle n'est pas nulle, puisque $r\hat{G}(x)>0$; elle est donc $\neq 0$ pour tout q. La fonction $r\hat{G}_p$ est donc strictement positive sur E ; comme elle est p-coexcessive, donc s.c.i., elle est bornée inférieurement sur K par une constante $h>0$. Alors

$$<r,u> \geq < r,pU_p u > = p< r\hat{G}_p,u >_\eta \geq p\int_K r\hat{G}_p . \, u \, d\eta$$

$$\geq ph \int_K u \, d\eta$$

d'où l'énoncé, avec $a_K = 1/ph$.

(*) XI.T40 . Le fait qu'une fonction complètement monotone non nulle est partout > 0 est une conséquence immédiate de ce résultat. La forme de l'équation résolvante utilisée est $g_{p+q}(u,v) + p\int g_{p+q}(u,w)\hat{G}_q(dw,v) = g_q(u,v)$, relation vraie pour presque tout u , donc pour tout u .

§2 . - Quelques résultats de compacité

MESURES COEXCESSIVES ET FONCTIONS EXCESSIVES

T11 THÉORÈME.- a) Soit μ une mesure de Radon, telle que $p\hat{U}_p\mu \leqq \mu$ pour tout $p>0$. Alors $p\hat{U}_p\mu \rightarrow \mu$ en croissant lorsque $p\rightarrow\infty$.

b) Pour qu'une mesure de Radon μ soit coexcessive, il faut et il suffit qu'elle soit de la forme $f.\eta$, où f est une fonction excessive finie pp. ; f est alors unique.

c) Soit $\underline{\underline{E}}$ le cône des mesures de Radon coexcessives sur E ; $\underline{\underline{E}}$ est fermé pour la topologie vague.

DÉMONSTRATION.- a) Il résulte immédiatement de l'équation résolvante que $p\hat{U}_p\mu$ croît avec p , et tend donc en croissant lorsque $p\rightarrow\infty$ vers une mesure $\mu'\leqq\mu$. Pour montrer que $\mu'=\mu$, prenons $f\in\underline{\underline{C}}_c^+(E)$:

$$< f,\mu' > = \lim < f,p\hat{U}_p\mu > = \lim < pf\hat{U}_p,\mu > \leqq < f,\mu >$$

d'après D2, c) et le lemme de Fatou ; d'où le résultat.

b) Si f est excessive finie pp, $f.\eta$ est une mesure de Radon (T8) , et la densité de $p\hat{U}_p(f.\eta)$ par rapport à η est $pU_pf\leqq f$. Il en résulte que $f.\eta$ est une mesure coexcessive. Inversement, soit μ une mesure coexcessive ; $p\hat{U}_p\mu$ a pour densité $pG_p\mu$ par rapport à η ; comme $p\hat{U}_p\mu$ croît avec p , $pG_p\mu$ croît pp, donc partout puisqu'il s'agit de fonctions finement continues . Désignons par w la limite de $pG_p\mu$ lorsque $p\rightarrow\infty$. Comme μ est limite croissante des mesures de densité $pG_p\mu$, μ a pour densité w ; $p\hat{U}_p\mu \leqq \mu$ a alors pour densité pU_pw , donc $pU_pw \leqq w$ pp . Cela permet de régulariser w en une fonction excessive f qui lui est égale pp , et on a $\mu=f.\eta$ (en fait, il est facile de voir que $w=f$ partout).

c) Soit $\underline{\underline{E}}$ le cône des mesures coexcessives, et soient μ_i des éléments de $\underline{\underline{E}}$ qui convergent vaguement vers une mesure μ . Soit $g\in\underline{\underline{C}}_c^+(E)$; comme $g\hat{U}_p$ est continue, on a

$$< g,p\hat{U}_p\mu > = < p.g\hat{U}_p,\mu > \leqq \liminf_i < p.g\hat{U}_p,\mu_i> =$$

$$= \liminf_i < g,p\hat{U}_p\mu_i > \leqq \liminf_i < g,\mu_i > = < g,\mu >$$

On a donc $p\hat{U}_p\mu \leqq \mu$, et la mesure μ est bien coexcessive.

On sait que tout cône convexe vaguement fermé de mesures positives, sur un espace localement compact dénombrable à l'infini, est réunion de ses chapeaux (XI.T38). Il en est donc ainsi du cône $\underline{\underline{E}}$, ce qui entraîne l'existence de " suffisamment " de fonctions excessives extrémales. Cela sera précisé plus tard. En attendant, la proposition suivante explicite des chapeaux de $\underline{\underline{E}}$.

T12 THÉORÈME.- a) Soit (v_n) une suite de fonctions excessives finies pp, telle que les mesures $v_n.\eta$ convergent vaguement vers une mesure μ, et soit v l'unique fonction excessive telle que $\mu = v.\eta$. On a alors $v \leq \lim\inf v_n$.

b) Soit r une mesure étalon. L'ensemble des mesures coexcessives de la forme $v.\eta$, où v est excessive et $< r,v > \leq 1$, est un chapeau métrisable de $\underline{\underline{E}}$.

DÉMONSTRATION.- Soit $x \in E$; la fonction p-coexcessive $pg_p(x,.)$ étant s.c.i., on a

$$pU_p v^x = < pg_p(x,.), v.\eta > \leq \lim\inf < pg_p(x,.), v_n.\eta >$$

$$= \lim\inf pU_p v_n{}^x \leq \lim\inf v_n(x)$$

d'où a) en faisant tendre p vers $+\infty$. On notera que le raisonnement ci-dessus vaut, non seulement pour les suites, mais pour des filtres quelconques.

Soit H l'ensemble des mesures $v.\eta$ telles que $< r,v > \leq 1$. La limite vague d'une suite d'éléments de H appartient à H d'après a) et le lemme de Fatou. D'autre part, H est relativement compact dans l'ensemble des mesures positives (T10) , et donc métrisable du fait que E est un espace localement compact à base dénombrable. Le fait que a) est fermé pour les suites (a) ci-dessus) entraîne alors que H est fermé, donc compact. D'où le résultat cherché.

UNE EXTENSION

Nous allons indiquer maintenant un procédé un peu plus général de construction de chapeaux de $\underline{\underline{E}}$, qui nous servira systématiquement dans l'étude des compactifications de Martin. Voir l'article de KUNITA-WATANABE On certain reversed processes... (J.Math.Mech.,15, 1966, 393-434) qui est proche de ce qui suit.

13 Nous désignons par n une fonction purement coexcessive, finie pp, strictement positive en tout point de E (cette dernière hypothèse ne sert qu'à partir de e)).

a) Soit u une fonction excessive ; alors $p < n - pn\hat{U}_p, u >_\eta$ croît avec p

En effet, u est limite d'une suite croissante de potentiels : il suffit donc de traiter le cas où $u = Uf$ ($f \geqq 0$). Comme n est purement coexcessive, $(n - pn\hat{U}_p)\hat{U} = \hat{U}_p$ (IX.64), et on a donc $p < n - pn\hat{U}_p, f >_\eta =$ $p < (n - pn\hat{U}_p)\hat{U}, f >_\eta = < pn\hat{U}_p, f >_\eta$ qui tend en croissant vers $< n, f >_\eta$

On voit de même que $p < n - pn\hat{U}_p, G\mu >_\eta = p < n - pn\hat{U}_p, \hat{U}\mu > = < pn\hat{U}_p, \mu >$ tend en croissant vers $< n, \mu >$.

Si u est excessive, nous poserons $L(n,u) = \lim_{p \to \infty} p < n - pn\hat{U}_p, u >_\eta$.

Nous venons de voir que $L(n, G\mu) = < n, \mu >$, $L(n, Uf) = < n, f >_\eta$. Si n est un copotentiel de Green $r\hat{G}$, nous avons $L(n, Uf) = < r\hat{G}, f >_\eta = < rU, f >$ $= < r, Uf >$. Voir suite ci-dessous après c).

b) Soient u et v deux fonctions excessives telles que $u \leqq v$. On a $L(n,u) \leqq L(n,v)$.

C'est immédiat, les fonctions $n - pn\hat{U}_p$ étant $\geqq 0$.

c) Soit (u_m) une suite croissante de fonctions excessives, et soit $u = \lim_m u_m$. On a alors $L(n,u) = \lim_m L(n, u_m)$.

C'est immédiat d'après b), par interversion de sup.

Application : toute fonction excessive u étant limite d'une suite croissante de potentiels de fonctions, on a $L(r\hat{G}, u) = < r, u >$.

d) Soit (u_m) une suite quelconque de fonctions excessives, et soit u la régularisée de la fonction surmédiane $\liminf u_m$. Alors $L(n,u) \leqq \liminf L(n, u_m)$.

En effet, soit v_p la régularisée de la fonction surmédiane $\inf_{k \geq p} u_k$. Comme v_p tend en croissant vers u, il suffit d'après c) de montrer que $L(n, v_p) \leqq L(n, u_m)$ pour tout $m \geqq p$, ce qui est évident d'après b), puisque $v_p \leqq u_m$.

e) Soit K un compact . Il existe une constante c_K telle que l'on ait pour toute fonction excessive u $\int_K u\,d\eta \leqq c_K L(n,u)$.

En effet, soit $x \in E$; la fonction $q \mapsto n(x) - qn\hat{U}_q(x)$ est complètement monotone du fait que n est coexcessive. D'autre part, elle n'est pas identiquement nulle : en effet, n est purement coexcessive et finie, et par conséquent $\lim_{q\to\infty} [n(x)-qn\hat{U}_q(x)] = n(x)>0$ (ci-dessus, chap.I,T8). La fonction $n-qn\hat{U}_q$ est donc strictement positive en tout point pour tout $q>0$. Fixons donc $q>0$; comme n est coexcessive, $n-qn\hat{U}_q$ est q-coexcessive, donc s.c.i., et donc bornée inférieurement sur K par une constante $h>0$. Mais alors on a

$$< n-qn\hat{U}_q, u >_\eta \geqq h \int_K u d\eta$$

et d'autre part $L(n,u) \geqq < n-qn\hat{U}_q, u >_\eta$ d'après a).

f) Soient $(T,\underline{\underline{T}})$ un espace mesurable, $t \mapsto u_t$ une application de T dans l'ensemble des fonctions excessives, telle que $(t,x) \mapsto u_t(x)$ soit une fonction mesurable sur T×E. La fonction $t \mapsto L(n,u_t)$ est alors mesurable. Soient μ une mesure positive sur T, u la fonction $\int u_t d\mu(t)$; u est alors excessive, et on a

$$L(n,u) = \int L(n,u_t)\,\mu(dt) .$$

Cela résulte aussitôt de la relation $L(n,u_t) = \lim_q < n-qn\hat{U}_q, u_t >$ (convergence monotone croissante) et du théorème de Fubini.

Voici maintenant la proposition qui généralise T12, b) :

T14 THÉORÈME.- Si n satisfait aux hypothèses du n°13, l'ensemble des mesures coexcessives de la forme $u.\eta$, où u est excessive telle que $L(n,u) \leqq 1$, est un chapeau compact métrisable de $\underline{\underline{E}}$.

DÉMONSTRATION.- Appelons H cet ensemble : la limite vague d'une suite d'éléments de H appartient à H d'après T12, a) et 13, d) ; H est relativement compact dans l'ensemble des mesures positives d'après 13,e). On conclut alors comme dans la démonstration de T12.

Les chapeaux construits au n°12 sont effectivement des cas particuliers de ceux-ci , correspondant aux fonctions n de la forme $r\hat{G}$, où r est une mesure étalon.

§3 . Equivalences de topologies

Dans ce paragraphe, nous allégerons le langage en identifiant toute fonction excessive u, finie pp, à la mesure coexcessive associée $u.\eta$. Par exemple, nous dirons qu'une suite de fonctions excessives converge vaguement vers une fonction excessive, ou que $\underline{\underline{E}}$ est le cône des fonctions excessives finies pp.

La notation L^1_{loc} désigne l'espace des fonctions intégrables sur tout compact pour la mesure η , muni de la topologie de la convergence en norme L^1 sur tout compact.

T15 LEMME .- Soient v_n,v des fonctions mesurables positives, localement intégrables, telles que

1) $v \leq \liminf_n v_n$ pp

2) Pour toute fonction $f \geq 0$, mesurable bornée à support compact, on a $< f,v >_\eta = \lim_n < f,v_n >_\eta$.

Alors v_n converge vers v dans L^1_{loc} lorsque $n \to \infty$.

DÉMONSTRATION.- Soit K un compact, et soit $\mu = I_K \cdot \eta$; les fonctions v_n sont μ-intégrables, et convergent vers v pour la topologie faible $\sigma(L^1, L^\infty)$ associée à μ . Tout revient à montrer qu'elles convergent vers v dans $L^1(\mu)$. Pour la commodité du lecteur, nous reproduisons la démonstration de ce fait donnée dans le Séminaire de Probabilités I, p.164.

Posons $w_n = v_n - v$. Les fonctions w_n convergent faiblement vers 0, elles constituent donc un ensemble faiblement relativement compact, et cela entraîne qu'elles sont uniformément intégrables (critère de Dunford-Pettis : cf. DUNFORD-SCHWARTZ, linear operators , vol.I, p.294(*))

Soit $\varepsilon > 0$. Choisissons un $c > 0$ tel que $\mu(A) < c$ entraîne $\int_A |w_n| d\mu < \varepsilon$ quel que soit n (intégrabilité uniforme). Posons ensuite, N étant un entier > 0

$$A_N = \{x \in E : \inf_{n \geq N} w_n(x) < -\varepsilon\}$$

et choisissons N assez grand pour que l'on ait $\mu(E \setminus A_N) < c$ - ce qui est possible, du fait que $\liminf w_n \geq 0$ pp. La suite (w_n) convergeant faiblement vers 0, choisissons $N' \geq N$ tel que la relation $n \geq N'$ entraîne $\int_{A_N} w_n d\mu < \varepsilon$. Nous avons alors si $n \geq N'$

$$\int_E |w_n| d\mu \leq \int_{A_N} |w_n| d\mu + \int_{E \setminus A_N} |w_n| d\mu \leq \int_{A_N} |w_n + \varepsilon| d\mu + \int_{A_N} \varepsilon d\mu + $$
$$+ \int_{E \setminus A_N} |w_n| d\mu \leq \int_{A_N} |w_n + \varepsilon| d\mu + \varepsilon\mu(1) + \int_{E \setminus A_n} |w_n| d\mu$$

(*) Nous n'aurons pas réellement besoin de ce résultat : dans notre principale application ci-dessous, les v_n seront uniformément bornées.

Comme $\mu(E\setminus A_N)<c$, la dernière intégrale vaut au plus ε. La première intégrale est égale, d'après la définition de A_N, à $\int_{A_N}(w_n+\varepsilon)d\mu \leqq \int_{A_N} w_n d\mu + \varepsilon.\mu(1) \leqq \varepsilon(1+\mu(1))$ si $n \geqq N'$. D'où finalement $\int|w_n|d\mu \leqq 2\varepsilon(1+\mu(1))$ si $n\geqq N'$. CQFD.

T16 THÉORÈME.- <u>De toute suite (v_n) de fonctions excessives, on peut extraire une suite qui converge pp.</u>

DÉMONSTRATION.- Ce théorème (comme le lemme précédent, qui en est la base) vaut sous l'hypothèse d'absolue continuité, beaucoup plus faible que l'hypothèse K-W. Rappelons en la démonstration.

Il suffit de traiter le cas où les fonctions v_n sont uniformément bornées : pour en déduire le cas général, on appliquera le résultat aux fonctions excessives bornées $v_n \wedge k$ ($k \in \underset{\sim}{N}$), et on utilisera le procédé diagonal. Nous supposerons donc $v_n \leqq 1$ pour tout n. D'autre part, nous désignerons par η' une mesure bornée équivalente à η (autrement dit, les ensembles η'-négligeables sont exactement les ensembles de potentiel nul).

La boule unité de $L^{\infty}(\eta')$ étant compacte pour la topologie faible $\sigma(L^{\infty},L^1)$, on peut extraire de la suite (v_n) une suite (v_{n_k}) qui converge pour cette topologie : $L^1(\eta')$ étant séparable, l'argument est familier. Désignons par $\bar{v}$ une fonction borélienne, égale pp à la limite de cette suite (nous simplifierons les notations en écrivant v_k au lieu de v_{n_k}). La mesure $\varepsilon_x U_p$ étant bornée, absolument continue par rapport à η', nous avons $\lim_k <\varepsilon_x U_p, v_k> = <\varepsilon_x U_p, \bar{v}>$, ou encore $\lim_k pU_p v_k = pU_p\bar{v}$. Mais nous avons $v_k \geqq pU_p v_k$, donc $\bar{v} \geqq pU_p\bar{v}$ pp. La fonction $\bar{v}$ est donc " presque-surmédiane" , et il en résulte que la fonction $v = \lim_{p\to\infty} pU_p\bar{v}$ est excessive, égale à v-pp. La suite v_k converge aussi faiblement vers v. Il reste à voir que la suite v_k converge vers v en mesure : cela entraînera en effet l'existence d'une suite extraite de (v_k) qui converge pp vers v. D'après T15, il suffit de montrer que $v \leqq \liminf v_k$, ce qui résulte immédiatement de la relation $pU_p v = \lim_k pU_p v_k \leqq \liminf_k v_k$, lorsqu'on fait tendre p vers $+\infty$.

Voici maintenant un résultat très important, dont la démonstration utilise l'hypothèse K-W (existence d'un noyau de Green s.c.i.).

T17 THÉORÈME.- Soit (v_n) une suite de fonctions excessives finies η-pp, qui converge vaguement vers une fonction excessive v. Alors les v_n convergent vers v dans l'espace L^1_{loc}.

DÉMONSTRATION.- Nous savons déjà que $v \leqq \lim\inf_n v_n$ (T12) ; d'après T15, il suffit de prouver que pour toute fonction $f \geqq 0$, universellement mesurable bornée à support compact, on a $\langle f,v\rangle_\eta = \lim_n \langle f,v_n\rangle_\eta$. Soit a une valeur d'adhérence de la suite $\langle f,v_n\rangle_\eta$: nous pouvons extraire de la suite (v_n) une suite (v'_n) telle que

$\langle f,v'_n\rangle_\eta$ tende vers a

v'_n converge pp vers une fonction excessive w (T16)

et , bien entendu, que l'on ait encore

$v'_n \rightarrow v$ vaguement

Comme $v \leqq \lim\inf v'_n$, on a $v \leqq w$ pp, donc partout puisque les deux membres sont des fonctions excessives. Si $g \in \underline{\underline{C}}^+_c(E)$, on a $\langle g,w\rangle_\eta \leqq \lim\inf \langle g,v'_n\rangle_\eta$ (Fatou), donc $\langle g,w\rangle_\eta \leqq \langle g,v\rangle_\eta$, et finalement $w \leqq v$ pp, d'où w=v.

Les fonctions $g.v'_n$ convergent alors presque partout vers g.v, et leurs intégrales convergent vers $\int g.v\, d\eta$ (convergence vague des v'_n vers v). D'après II.T2L, cela entraîne que $g.v'_n \rightarrow g.v$ dans L^1. Choisissons g de telle sorte que g=1 sur le support compact de f : il en résulte que $\langle f,v'_n\rangle \rightarrow \langle f,v\rangle$, et donc que $a = \langle f,v\rangle$. Par conséquent, $\langle f,v\rangle$ est la seule valeur d'adhérence de la suite $\langle f,v_n\rangle$, et le théorème en découle.

T18 COROLLAIRE.- Sur toute partie compacte de $\underline{\underline{E}}$, la topologie vague et la topologie de L^1_{loc} coïncident.

DÉMONSTRATION.- Soit $\underline{\underline{H}}$ une partie de $\underline{\underline{E}}$, compacte pour la topologie vague ; elle est métrisable pour la topologie de L^1_{loc} (car L^1_{loc} est un espace métrique !) et toute suite d'éléments de H contient une sous suite vaguement convergente, donc convergente pour la topologie de L^1_{loc} d'après T17. Donc H est compacte pour la topologie de L^1_{loc}, et il en résulte aussitôt que les deux topologies coïncident sur H.

19 Voici une conséquence de ces résultats : soit H une partie convexe compacte de $\underline{\underline{E}}$ (par exemple un chapeau), et soit T l'ensemble des points extrémaux de H. On sait que T est une partie borélienne de H. Désignons par $t \mapsto u_t$ l'application identique de T dans $\underline{\underline{E}}$; si u est une fonction excessive appartenant à H, il existe une mesure positive de masse 1 μ sur T telle que u soit le barycentre de μ. Soit $x \in E$. T12 entraîne que l'application $v \mapsto v(x)$ est une fonction affine s.c.i. sur H et alors, d'après XI.8, a), on a pour tout $x \in E$

(1) $$u(x) = \int_T u_t(x)\mu(dt) .$$

Autrement dit, on a une " vraie" représentation intégrale de u au moyen d'éléments extrémaux de H.

Voici une méthode qui permet de se passer de XI.8, a) : on a (par définition des barycentres)

(2) $$< f,u >_\eta = \int_T < f,u_t >_\eta \mu(dt)$$

si f est borélienne positive bornée à support compact, car alors la fonction $g \mapsto < f,g >_\eta$ est une forme linéaire continue sur L^1_{loc}. Par convergence monotone, on en déduit le même résultat pour toute fonction borélienne positive f . Autrement dit

(3) $$< \lambda,u > = \int_T < \lambda,u_t > \mu(dt)$$

si λ est absolument continue par rapport à η . Si λ est une mesure positive quelconque, la formule précédente s'applique aux mesures absolument continues λpU_p : on fait alors tendre p vers $+\infty$, et comme u et les u_t sont excessives il vient par convergence monotone que la formule (3) reste valable. Il ne reste plus pour obtenir (1) qu'à prendre $\lambda=\varepsilon_x$.

CHAPITRE III. POTENTIELS DE GREEN, APPLICATIONS

§ 1 . - Potentiels de Green

HYPOTHÈSES DU CHAPITRE.- 1) L'hypothèse K-W du chapitre II . 2) Pour simplifier, nous supposerons que la résolvante (U_p) transforme les fonctions boréliennes en fonctions boréliennes : les fonctions excessives sont alors boréliennes, et la fonction $g_p(.,.)$ est $\underline{\underline{B}}\times\underline{\underline{B}}$-mesurable.

QUELQUES PROPRIÉTÉS DES POTENTIELS DE GREEN

Rappelons (chap.II, n°5) que le potentiel de Green (resp. copotentiel de Green) d'une mesure positive μ est la fonction excessive (resp. coexcessive) $G\mu$ (resp. $\mu\hat{G}$). Nous avons vu que si $G\mu$ est finie pp , μ est une mesure de Radon (chap.II, n°9).

Soit $f\in\underline{\underline{C}}_c^+(E)$: la fonction $f\hat{U}$ est alors continue et bornée d'après l'hypothèse KW. La relation $< f\hat{U},\mu > = < (f\eta)\hat{G}, \mu > = < f\eta, G\mu > = < f,G\mu >_\eta$ montre que si μ est <u>bornée</u> , $G\mu$ est <u>localement intégrable</u>, donc finie pp.

Nous commencerons par le théorème d'unicité :

T1 THÉORÈME.- <u>Soit</u> μ <u>une mesure positive dont le potentiel de Green</u> $u=G\mu$ <u>est fini pp. Alors</u> (μ <u>est une mesure de Radon et</u>) μ <u>est la seule mesure positive dont le potentiel de Green est</u> u.

DÉMONSTRATION .- Nous savons déjà que u est localement intégrable (chap.II, T6) et que μ est une mesure de Radon (chap.II, T9). Soient $f\in\underline{\underline{C}}_c^+(E)$, et $g\in\underline{\underline{C}}_c^+(E)$, strictement positive sur un voisinage du support de f. On a alors $f\leq c.g\hat{U}$ pour c assez grand et on peut (quitte à changer de notation) supposer que $f\leqq g\hat{U}$. Comme $<g,u>_\eta < \infty$, on a $<g\hat{U},\mu> < \infty$. D'autre part

$$pf\hat{U}_p \leqq pg\hat{U}\hat{U}_p \leqq g\hat{U}$$

les fonctions $pf\hat{U}_p$ sont donc majorées par la fonction μ-intégrable $g\hat{U}$ et le théorème de Lebesgue nous donne

$$<f,\mu> = \lim_{p\to\infty} <pf\hat{U}_p,\mu> = \lim_{p\to\infty} p<f\hat{U}-pf\hat{U}_p\hat{U},\mu > = \lim_{p\to\infty} p[<f,u>_\eta - p<f\hat{U}_p,u>_\eta]$$

expression qui ne contient plus que u.

REMARQUE.- On déduit aussitôt de T1 que si μ et μ' sont deux mesures positives, non proportionnelles , dont les potentiels de Green sont finis pp, alors $G\mu$ et $G\mu'$ ne sont pas proportionnels.

T2 THÉORÈME.- Soit μ une mesure positive dont le potentiel de Green $G\mu=u$ est fini pp. Alors $G\mu$ est purement excessive (résultat analogue pour $\mu\hat{G}$).

DÉMONSTRATION.- Soit f une fonction borélienne positive telle que $\langle f,u\rangle_\eta < \infty$: $f\hat{U}$ est alors μ-intégrable. Comme $f\hat{U}_p$ croît vers $f\hat{U}$ lorsque p->0, on a $0 = \lim_{p\to 0} \langle f\hat{U}-f\hat{U}_p,\mu\rangle = \lim_{p\to 0} \langle pf\hat{U}_p\hat{U},\mu\rangle =$ $\lim_{p\to 0} \langle f,pU_pu\rangle_\eta \geq \langle f,i\rangle_\eta$, où i désigne la partie invariante de u (chap.I,T8). Comme $G\mu$ est fini pp, il existe suffisamment de telles fonctions f, et cela entraîne i=0, d'où l'énoncé. Même démonstration pour $\mu\hat{G}$ [Remarque : si l'on désire seulement avoir le résultat relatif à $G\mu$, il suffit de prendre $f\in\underline{C}_c^+(E)$].

En revanche, on ne peut pas affirmer que $G\mu$ soit toujours un potentiel (bien qu'il en soit ainsi dans les conditions "normales"). Aussi poserons nous la définition suivante :

D3 DÉFINITION.- On désigne par E_P (resp. E_H) l'ensemble des $y\in E$ tels que $g_y=G\varepsilon_y$ soit un potentiel (resp. soit harmonique).

Nous verrons plus loin (T12) que E_P et E_H forment une partition de E, et aussi(*) que E_H est polaire. Pour l'instant, voici tout ce que nous pouvons dire :

T4 THEOREME.- a) E_P et E_H sont boréliens. b) Si μ est une mesure positive portée par E_P (resp. E_H) et dont le potentiel de Green u est fini pp, u est un potentiel (resp. est harmonique). c) E_H est un ensemble de potentiel nul.

DÉMONSTRATION.- Soit (B_n) une suite croissante de compacts dont les intérieurs recouvrent E ; une fonction excessive g finie pp est un potentiel (resp. est harmonique) si et seulement si $P_{B_n^c}g \to 0$ pp (resp si $P_{B_n^c}g = g$ pour tout n), ou encore si $\int_{B_k} P_{B_n^c}g\,d\eta$ tend vers 0 pour tout k (resp. si $\int_{B_k} P_{B_n^c}g\,d\eta = \int_{B_k} g\,d\eta$ pour tout k). Ainsi

(*) Chap.IV, T19 .

$$E_P = \{\ y : \text{pour tout } k \int_{B_k} P_{B_n^c} g_y \, d\eta \to 0\ \}$$ (*)

$$E_H = \{\ y : \text{pour tout } k \text{ et tout } n \int_{B_k} P_{B_n^c} g_y \, d\eta = \int_{B_k} g d\eta\ \}$$

Déduisons en par exemple que E_P est borélien : soit λ_{kn} la mesure $\int I_{B_k}(z)\eta(dz)P_{B_n^c}(z,dy)$. On a $E_P=\{y : \text{pour tout } k\ \lambda_{kn}\hat{G}(y) \underset{n\to\infty}{\longrightarrow} 0\ \}$; les fonctions $\lambda_{kn}\hat{G}$ étant coexcessives, donc boréliennes, il en résulte bien que E_P est borélien. Raisonnement analogue pour E_H.

Il est évident que $G\mu$ est harmonique si μ est portée par E_H. De même, si μ est portée par E_P, le théorème de Lebesgue entraîne que $P_{B_n^c}G\mu$ tend vers 0 lorsque $n\to\infty$, en tout point x tel que $G\mu(x)<\infty$: $G\mu$ est donc un potentiel. Ces résultats entraînent que si μ charge E_H, $G\mu$ comporte une partie harmonique (non nulle d'après T1), et n'est donc pas un potentiel.

Maintenant, remarquons que pour toute fonction $g\in\underline{\underline{C}}_c^+$, $Ug=G(g.\eta)$ est un potentiel (chap.I, n°17) ; $g.\eta$ ne charge donc pas E_H, et il en résulte que E_H est un ensemble de potentiel nul.

RÉDUITE D'UN POTENTIEL DE GREEN

T5 LEMME.- <u>Soient</u> H <u>un ouvert</u>, u <u>et</u> v <u>deux fonctions coexcessives égales pp dans</u> H ; <u>alors</u> u=v <u>dans</u> H.

DÉMONSTRATION.- La mesure $p\hat{U}_p(dx,y)$ converge vaguement vers ε_y pour tout $y\in E$. Prenons $y\in H$; la fonction $u.I_H$ étant s.c.i. (car toute fonction coexcessive est s.c.i.), on a donc

$$u(y) \leq \liminf_{p\to\infty} p(u.I_H)\hat{U}_p(y) .$$

L'inégalité inverse étant satisfaite du fait que u est coexcessive, cette lim inf est égale à u(y). Mais la lim inf relative à u ne dépend que de la <u>classe</u> de $u.I_H$; elle est donc la même pour u et pour v, et il en résulte que u(y)=v(y).

REMARQUE.- Si $(\hat{U}_p)$ est la résolvante d'un semi-groupe sous-markovien raisonnable, ce lemme s'étend aussitôt par un raisonnement de "topologie cofine" au cas où H est <u>cofinement ouvert</u>.

(*) Nous noterons g_y, ici et dans toute la suite, la fonction $g(.,y)=G\varepsilon_y$. La fonction $g(x,.)$ sera parfois notée $\hat{g}_x$.

Le théorème suivant est très important :

T6 THÉORÈME.- Soient H un ouvert, μ une mesure portée par H ; alors $P_H G\mu = G\mu$.

DÉMONSTRATION.- Soit $f \in \underline{\underline{C}}_c^+(E)$, à support dans H ; on sait que $P_H Uf = Uf$, et il en résulte aussitôt que $P_H g_z = g_z$ pour presque tout $z \in H$. Fixons alors $x \in E$; les fonctions coexcessives $g(x,.)$ et $\int P_H(x,dy)g(y,.)$ sont égales presque partout dans H, donc partout dans H, et l'énoncé en résulte aussitôt en intégrant par rapport à μ.

(Si $\hat{U}_p$ est la résolvante d'un semi-groupe raisonnable, cela s'étend à un ouvert cofin H, mais non à un ouvert fin).

T7 COROLLAIRE.- g_z est harmonique dans $E \setminus \{z\}$, pour tout $z \in E$.

En effet, si L est un compact de $E\setminus\{z\}$, L^c est un voisinage de z, et donc $P_{L^c} g_z = g_z$.

REPRÉSENTATIONS INTÉGRALES DE POTENTIELS

T8 THÉORÈME.- Soit (μ_n) une suite de mesures positives, dont les potentiels de Green $G\mu_n$ sont majorés par une fonction excessive fixe v, finie pp.

a) Pour tout compact K, on a $\sup_n \mu_n(K) < \infty$.

b) Si μ est une valeur d'adhérence vague des μ_n, on a $G\mu \leqq \liminf_{n\to\infty} G\mu_n$.

c) Supposons de plus que les potentiels de Green $u_n = G\mu_n$ convergent pp vers une fonction excessive u. Pour que la suite (μ_n) converge vaguement vers une mesure μ telle que $u = G\mu$, il faut et il suffit que la condition suivante soit satisfaite.

$$\forall f \in \underline{\underline{C}}_c^+(E), \forall \varepsilon > 0 \ , \ \exists K \text{ compact tel que } \sup_n \int_{K^c} f\hat{U}(y)\, \mu_n(dy) \leqq \varepsilon.$$

d) Cette condition est satisfaite en particulier lorsque les μ_n sont portées par un même compact, ou lorsque v est un potentiel.

DÉMONSTRATION.- Choisissons une mesure étalon r telle que $<r,v> < \infty$ (chap.II, T8) ; on a $< r\hat{G},\mu_n > = < r,u_n > \leqq < r,v >$, et $r\hat{G}$ est localement bornée inférieurement, d'où a) . L'assertion b) est triviale (la fonction $g(x,.)$ est s.c.i. pour tout x).

Nous prouverons seulement un résultat un peu plus faible que c), et laisserons au lecteur le soin d'en déduire c) par un argument de compacité : nous montrerons que si les u_n convergent pp vers u, et

<u>si les μ_n convergent vaguement vers une mesure</u> μ , alors $G\mu=u$ si et seulement si la condition de l'énoncé est satisfaite(*). La relation $G\mu=u$ équivaut à $<f,G\mu>_\eta = <f,u>_\eta$ pour toute fonction $f\in\underline{\underline{C}}_c^+(E)$. Comme v est localement intégrable pour η, et les $G\mu_n$ sont majorés par v, cela équivaut encore à $<f,G\mu>_\eta = \lim_n <f,G\mu_n>_\eta$ (th. de Lebesgue), ou encore à $<f\hat{U},\mu> = \lim_n <f\hat{U},\mu_n>$. Mais $f\hat{U}$ est continue bornée, les μ_n convergent vaguement vers μ, donc les mesures $f\hat{U}.\mu_n$ convergent vaguement vers $f\hat{U}.\mu$; nous venons de voir que la relation $G\mu=u$ équivaut à la convergence de la masse totale $|f\hat{U}.\mu_n|$ vers $|f\hat{U}.\mu|$ (pour tout $f\in\underline{\underline{C}}_c^+$), c'est à dire à la <u>convergence étroite</u> de $f\hat{U}.\mu_n$ vers $f\hat{U}.\mu$, et finalement à la condition de PROKHOROV pour la convergence étroite. L'énoncé exprime précisément que la suite de mesures bornées $f\hat{U}.\mu_n$ satisfait à la condition de PROKHOROV.

La première partie de d) est évidente. Pour prouver la seconde partie, supposons que v soit un potentiel. Soit K un compact ; K^c étant ouvert, nous avons d'après T6

$$\int_{K^c} f\hat{U}\, d\mu_n = \int f\hat{U}\, d(I_{K^c}.\mu_n) = <f,G(I_{K^c}.\mu_n)>_\eta =$$

$$= <f,P_{K^c}G(I_{K^c}.\mu_n)>_\eta \leqq <f,P_{K^c}u_n>_\eta \leqq <f,P_{K^c}v>_\eta$$

et ceci est arbitrairement petit si K est assez gros (chap.I, T16, d)).

Voici à présent le théorème fondamental de représentation des potentiels . Nous l'obtiendrons d'emblée dans toute sa force, grâce à l'emploi des théorèmes 2 et 6 du chapitre I. KUNITA et WATANABE, ne connaissant pas le th.6 (postérieur à leur article) procèdent d'une autre manière : ils ne parviennent à démontrer b) ci-dessous que dans le cas où A est <u>ouvert</u>, mais ce cas leur suffit à établir (au prix de quelques difficultés supplémentaires) les résultats relatifs à la frontière de Martin.

T9 THÉORÈME.- <u>Soient</u> u <u>une fonction excessive finie pp,</u> A <u>un ensemble presque-borélien</u>. <u>On peut affirmer que</u> P_Au <u>est potentiel de Green d'une mesure</u> μ <u>portée par</u> $\bar{A}$ (<u>unique</u>) <u>dans chacun des deux cas suivants</u> :

(*) Nous aurons seulement besoin de savoir, en fait, que cette condition est suffisante. Pour prouver c), il suffit de montrer que la suite (μ_n) a une seule valeur d'adhérence, et on déduit cela de ce qui suit et de T1.

a) A est relativement compact (et u est quelconque).

b) u est un potentiel (et A est quelconque) .

DÉMONSTRATION.- 1) Supposons que A soit finement ouvert et relativement compact (ou seulement finement ouvert dans le cas b)). D'après le th.2 du chap.I, $P_A u$ est l'enveloppe supérieure d'une suite croissante de potentiels Uf_n, où f_n est une fonction positive nulle hors de A. On applique alors T8 en prenant $u_n = Uf_n$, $\mu_n = f_n \cdot \eta$, et en utilisant pour a) et b) les deux parties de l'assertion d) de T8.

2) Soit A un ensemble presque borélien quelconque, et soit $u=Ug$ un potentiel borné de fonction positive (donc un potentiel). Choisissons une suite décroissante (A_n) d'ensembles finement ouverts contenant A, tels que T_{A_n} croisse vers T_A $\underset{\sim}{P}^\eta$-p.s. (chap.I, T6), et donc aussi $\underset{\sim}{P}^x$-p.s pour presque tout x. Alors $P_{A_n} u = \underset{\sim}{E}^{\cdot}[\int_{T_{A_n}}^{\infty} g \circ X_s ds]$ tend pp en décroissant vers $P_A u = \underset{\sim}{E}^{\cdot}[\int_{T_A}^{\infty} g \circ X_s ds]$. Nous pouvons imposer de plus aux A_n d'être assez petits pour que $\bar{A} = \bigcap_n \bar{A}_n$. D'après 1), chaque $P_{A_n} u$ est le potentiel de Green d'une mesure μ_n portée par $\bar{A}_n$. Comme les $G\mu_n$ sont majorés par u, qui est un potentiel, le théorème 8 montre que les μ_n convergent vaguement vers une mesure μ portée par $\bar{A}$, telle que $G\mu = P_A u$.

3) Plaçons nous maintenant sous les hypothèses de l'énoncé. Toute fonction excessive u est limite d'une suite croissante (u_n) de potentiels bornés de fonctions positives ; d'après 2), on peut écrire $P_A u_n = G\nu_n$, où ν_n est portée par $\bar{A}$, et $P_A u_n$ converge en croissant vers $P_A u$. On peut alors appliquer T8, la première partie de d) couvrant le cas où A est relativement compact, la seconde celui où u est un potentiel .

§2 . Applications de la représentation de Green.

FONCTIONS EXCESSIVES EXTRÉMALES

T10 THÉORÈME.- Soit u un potentiel extrémal ; alors $u=k.g_y$ $(k \in \mathbb{R}_+, y \in E)$.

DÉMONSTRATION.- Comme u est un potentiel, on peut écrire d'après T9 que u est un potentiel de Green $G\mu$. La mesure positive μ n'est pas décomposable en deux mesures positives μ_1, μ_2 non proportionnelles, car cela entraînerait que u est décomposable en deux potentiels $G\mu_1$, $G\mu_2$ non proportionnels (remarque suivant T1). Donc μ est une mesure à support ponctuel.

T11 THÉORÈME.- Si $y \in E$, g_y est une fonction excessive extrémale.

DÉMONSTRATION.- Considérons une décomposition $g_y = u+v$ de g_y en deux fonctions excessives, et montrons que u et v sont proportionnelles. Soit A un ouvert relativement compact contenant y . On a $P_A u \leqq u$, $P_A v \leqq v$, $P_A(u+v) = P_A g_y = g_y = u+v$ (T6) , donc $P_A u = u$, $P_A v = v$. D'autre part, $P_A u$ (resp. $P_A v$) est potentiel de Green d'une mesure portée par $\bar{A}$ (T9) ; comme A est un voisinage relativement compact arbitraire, cette mesure doit être proportionnelle à ε_y, d'où le résultat.

T12 COROLLAIRE.- a) $E = E_P \cup E_H$.

b) Soit μ une mesure dont le potentiel de Green est fini pp. Alors $G\mu$ est un potentiel (resp. harmonique) si et seulement si μ est portée par E_P (resp. par E_H).

DÉMONSTRATION.- Toute fonction excessive extrémale est, soit harmonique, soit un potentiel (décomposition de Riesz) : a) résulte donc de T11. Nous savons déjà (T4) que si μ est portée par E_P, $G\mu$ est un potentiel. Inversement, si μ n'est pas portée par E_P, μ charge E_H d'après a), et $G\mu$ comporte donc une partie harmonique non nulle (T1). Même raisonnement pour E_H.

APPLICATIONS À LA CLASSIFICATION DES FONCTIONS EXCESSIVES

Nous allons déduire de T9 (autrement dit, de l'hypothèse KW) des résultats qui précisent la classification des fonctions excessives donnée au chapitre I, §3.

T13 THÉORÈME.- Sous l'hypothèse KW, tout potentiel est une fonction purement excessive, toute fonction invariante est harmonique.

DÉMONSTRATION.- Soit u un potentiel : alors u est finie pp par définition, et u est un potentiel de Green d'après T9, donc u est purement excessive (T2).

Soit i une fonction invariante ; écrivons sa décomposition de Riesz $i = h+p$ en une fonction harmonique et un potentiel. Nous venons de voir que p est purement excessive ; i ne comportant pas de partie purement excessive, on a $p=0$, donc $i=h$.

T14 THÉORÈME.- Soient u un potentiel, $u = G\mu$ sa représentation de Green, et H un ouvert. Alors u est harmonique dans H si et seulement si $\mu(H)=0$.

DÉMONSTRATION.- 1) Supposons que $\mu(H)=0$; soit K un compact de H, on a

$P_{K^c} G\mu = G\mu$ (K^c étant ouvert, et μ portée par K^c, on applique T6), donc $G\mu$ est harmonique dans H.

2) Supposons que μ charge H, et montrons que $G\mu$ n'est pas harmonique dans H. Ecrivons $\mu=\lambda+\nu$, où $\lambda\neq 0$ est portée par un ouvert A relativement compact dans H. Alors $P_{A^c} G\lambda$ est potentiel de Green d'une mesure portée par A^c (T9), donc distincte de λ . On a donc $P_{A^c} G\lambda \neq G\lambda$ (T1), et $G\lambda$ n'est donc pas harmonique dans H (chap.I, T12); donc $G\mu$ n'est pas non plus harmonique dans H.

Le corollaire suivant joue un grand rôle dans l'exposé de KUNITA-WATANABE (mais non dans celui-ci). KUNITA et WATANABE l'établissent par une méthode probabiliste très différente.

T15 COROLLAIRE.- Soit u une fonction excessive finie pp, et soit $(H_i)_{i\in I}$ une famille d'ouverts de E. Si u est harmonique dans chacun des H_i, u est harmonique dans leur réunion.

En effet, il suffit d'écrire la décomposition de Riesz u=h+p de u (h harmonique, p potentiel) et d'appliquer T14 à p.

16 REMARQUE.- Nous avons vu plus haut que

$$\text{potentiel} \Rightarrow \text{potentiel de Green} \Rightarrow \text{purement excessive}$$

Mais si E_H n'est pas vide, il existe des potentiels de Green qui ne sont pas des potentiels. Montrons (d'après KUNITA-WATANABE) que E_H est vide si (P_t) est un semi-groupe de HUNT, et si les fonctions harmoniques sont localement bornées. En effet, soit $y\in E_H$, soient A un voisinage compact de y, (B_n) une suite croissante de compacts dont les intérieurs recouvrent E. On a $g_y=P_A g_y$ (T6), $g_y=P_{B_n^c} g_y$ (harmonicité) donc $g_y=P_A P_{B_n^c} g_y$. Soit T_n l'instant de la première rencontre de B_n^c suivant la première rencontre de A : l'existence de limites à gauche entraîne que $T_n \to \infty$. D'autre part , $g_y = E^{\cdot}[g_y \circ X_{T_n}]$, et $g_y \circ X_{T_n} \to 0$ p.s. du fait que g_y est purement excessive . Enfin, on a $X_{T_n} \in A$ sur $\{T_n<\infty\}$: si g_y était bornée sur A, on aurait donc $g_y=0$ d'après le théorème de Lebesgue, ce qui est absurde (T1). Autrement dit, si $y\in E_H$, g_y ne peut être bornée au voisinage de y .

VÉRIFICATION DE L'HYPOTHÈSE (B) DE HUNT

L'hypothèse (B) a été introduite au chap.I, n°13 . Nous nous bornerons à la vérifier ci-dessous pour la valeur 0 du paramètre p : pour obtenir le cas p>0, il suffit de remplacer le semi-groupe (P_t), la résolvante (U_q), la corésolvante $(\hat{U}_q)$, par $(e^{-pt}P_t)$, (U_{p+q}), $(\hat{U}_{p+q})$ respectivement.

T17 THÉORÈME.- Soient A un ensemble presque-borélien, H un voisinage de A. On a alors $P_HP_A=P_A$.

DÉMONSTRATION.- 1) Supposons d'abord que A soit compact. Soit f une fonction positive bornée à support compact ; on peut écrire $P_AUf=G\mu$, où μ est une mesure positive portée par A (T9) ; donc $P_HP_AUf = P_HG\mu = G\mu = P_AUf$ (T6). Autrement dit, $P_HP_AU=P_AU$.

Prenons ensuite $g\in \underline{\underline{C}}_c^+(E)$; nous avons $U_qg = Ug-U(qU_qg)$: le résultat précédent entraîne donc que $P_HP_AU_qg = P_AU_qg$ (q>0) . Multiplions par q et faisons tendre q vers $+\infty$, il vient $P_HP_Ag=P_Ag$, et le théorème est établi lorsque A est compact.

2) Passons au cas général. Soit (A_n) une suite croissante de compacts contenus dans A, telle que $T_{A_n} \downarrow T_A$ $\underset{\approx}{P}^\eta$-p.s. (donc $\underset{\approx}{P}^x$-p.s. pour tout x (*)). Soit $g\in\underline{\underline{C}}_c^+(E)$; on a alors $P_Ag = \lim_n P_{A_n}g$, et la relation $P_HP_{A_n}g = P_{A_n}g$ établie plus haut entraîne $P_HP_Ag=P_Ag$, d'où l'énoncé.

La conséquence suivante de l'hypothèse (B) est très importante :

T18 THÉORÈME.- Soient H un ouvert, A un ensemble presque-borélien semi-polaire contenu dans H. Alors $\underset{\approx}{P}^x\{X_{T_H}\in A\}=0$ pour tout $x\notin A$.

DÉMONSTRATION.- Tout ensemble semi-polaire étant réunion d'une suite d'ensembles sans point réguliers, il suffit de traiter le cas où A n'a aucun point régulier. Soit f une fonction continue, strictement positive en tout point de E, telle que Uf soit bornée. Nous avons

$$0 = P_AUf - P_HP_AUf = \underset{\approx}{E}^{\cdot}\left[\int_{T_A}^{T_H+T_A\circ\Theta_{T_H}} f\circ X_s\, ds\right]$$

Distinguons deux cas : si $x\in \mathrm{reg}(H)\setminus A$, on a $\underset{\approx}{P}^x$-p.s. $X_{T_H}=x\notin A$, et l'énoncé est trivialement vérifié. Si $x\notin\mathrm{reg}(H)$, on a $\underset{\approx}{P}^x$-p.s. $T_H>0$. Comme A n'a pas de point régulier, on a donc $\underset{\approx}{P}^x$-p.s. $T_A=T_H$, $T_H+T_A\circ\Theta_{T_H} > T_A$

(*) Cf Processus de Markov, XV,T48. : il suffirait d'ailleurs de savoir que cela a lieu pour presque tout x, ce qui est évident.

sur l'ensemble $\{X_{T_H}\in A\}$, et l'intégrale $\int_{T_A}^{T_H+T_A\circ\theta_{T_H}} f\circ X_s ds$ est donc strictement positive sur $\{X_{T_H}\in A\}$. L'espérance de cette intégrale étant nulle, on doit avoir $P^x\{X_{T_H}\in A\}=0$, d'où l'énoncé.

REMARQUE.- Inversement, si l'énoncé est vérifié, soient B un ensemble presque borélien, H un voisinage ouvert de B, A l'ensemble semi-polaire $B\setminus reg(B)$; on a $P_B(x,.)=\int P_H(x,dy)P_B(y,.)$ pour $x\notin A$, donc presque partout, et le second membre minore partout le premier. D'autre part, l'égalité $P_B(x,1)=\int P_H(x,dy)P_B(y,1)$ a lieu partout, car les deux membres sont des fonctions excessives égales pp. La mesure positive $\varepsilon_x P_B - \varepsilon_x P_H P_B$ a donc une masse totale nulle, elle est nulle, et l'hypothèse (B) est satisfaite.

Voici une seconde conséquence de l'hypothèse (B) :

T19 THÉORÈME.- Soit A un ensemble borélien semi-polaire. On a pour toute loi μ

(1) $P^\mu\{\exists t>0 : X_t\neq X_{t-},\ X_t\in A\} = 0$.

(2) $P^\mu\{\exists t\in]0,\zeta[: X_t\neq X_{t-},\ X_{t-}\in A\} = 0$

La démonstration de ce théorème, assez longue, sera donnée en appendice à la fin du livre. Ici, nous nous bornerons à remarquer que si la formule (1) est satisfaite, il en est de même évidemment de l'énoncé de T18, et donc de l'hypothèse (B) elle-même.

CHAPITRE IV. COMPACTIFICATIONS DE MARTIN

§ 1 . Espaces de Martin généraux

DÉFINITION DU NOYAU DE MARTIN

1 Dans tout ce chapitre, nous supposerons que l'hypothèse K-W est satisfaite. Nous choisirons une fonction n sur E, continue, strictement positive en tout point de E, finie , purement coexcessive. Dans les cas les plus usuels, n est de la forme $r\hat{G}$, où r est une mesure étalon sur E. Nous poserons

$$k(x,y) = \frac{g(x,y)}{n(y)}$$

Cette fonction sur E×E est appelée le noyau de Martin (relatif à la fonction n). Comme d'habitude, nous noterons k_y la fonction excessive $k(.,y)$, qui est normalisée , en ce sens que $L(n,k_y)=1$ (*) (chap.II, n°13). Rappelons (n°13 du chap.II, après c), que si n est de la forme $r\hat{G}$ on a $L(n,u) = < r,u >$ pour toute fonction excessive ; dans ce cas la normalisation de k_y signifie que $< r,k_y > = 1$.

Si μ est une mesure positive, les fonctions

$$K\mu = \int k(.,y)\mu(dy) \quad , \quad \mu\hat{K} = \int \mu(dx)k(x,.)$$

sont appelées respectivement le potentiel et le copotentiel de Martin de la mesure μ .

Remarque.- Dans la théorie classique du potentiel, où g(x,y) est le noyau de Green usuel, on utilise pour la normalisation la fonction $n(y)=g(x_o,y)$, où x_o est un point fixé . Cette fonction est bien de la forme $r\hat{G}$ ($r=\varepsilon_{x_o}$) , strictement positive partout, continue, mais elle n'est pas finie au point x_o. On lève cette difficulté en se plaçant sur l'espace d'états $E\setminus\{x_o\}$ au lieu de E ; n y est alors finie, et la théorie que nous développons s'applique , mais on notera que n n'est plus un copotentiel de mesure sur le nouvel espace d'états !

KUNITA-WATANABE considèrent des fonctions $n=r\hat{G}$ qui peuvent prendre la valeur $+\infty$. Nous avons préféré exclure ce cas.

(*) En effet, nous avons vu au début du n°13 du chap.II que $L(n,G\mu)=<n,\mu>$. Donc $L(n,g_y) = <n,\varepsilon_y> = n(y)$, et $L(n,k_y)=1$. Le lecteur peut, dans tout ce chapitre, se faciliter la tâche en première lecture en supposant que $L(n,.) = < r,. >$, r étant une mesure étalon telle que $r\hat{G}$ soit finie.

2 Nous avons défini $K\mu$ et $\mu\hat{K}$ si μ est une mesure, mais nous n'avons pas défini Kf ou $f\hat{K}$ si f est une fonction. C'est ce que nous allons faire à présent.

Introduisons la mesure de Radon

$$H(dx) = n(x)\eta(dx)$$

sa densité par rapport à η étant une fonction coexcessive, H est une mesure excessive (si $n=r\hat{G}$, H est la mesure rU). Nous identifierons maintenant une fonction universellement mesurable positive f, non plus à la mesure $f.\eta$, mais à la mesure $f.H$. Ainsi

$$f\hat{K} = \int H(dx)f(x)k(x,.) = \frac{(fn)\hat{U}}{n}$$

$$Kf = \int k(.,y)f(y)H(dy) = \int \frac{g(.,y)}{n(y)} f(y)n(y)\eta(dy) = Uf$$

Introduisons de même, pour $p>0$, les noyaux fonctions $k_p(x,y)=\frac{g_p(x,y)}{n(y)}$ et définissons comme ci-dessus les notations $K_p\mu$, $\mu\hat{K}_p$, $f\hat{K}_p=\frac{(fn)\hat{U}_p}{n}$, $K_pf = U_pf$. Nous avons le résultat suivant .

T3 THÉORÈME.- Le triplet $((U_p), (\hat{K}_p), H)$, où les $\hat{K}_p$ opèrent sur les fonctions comme ci-dessus et sont considérés comme des conoyaux, satisfait à l'hypothèse KW , et de plus la fonction 1 est purement coexcessive (et la corésolvante est donc sous-markovienne).

DÉMONSTRATION.- Il résulte aussitôt des formules $K_pf=U_pf$, $f\hat{K}_p=(fn)\hat{U}_p/n$, que les conoyaux $\hat{K}_p$ forment une corésolvante, en dualité avec $K_p=U_p$ par rapport à la mesure de Radon H. Bien entendu, les mesures ε_xU_p sont absolument continues par rapport à H, puisqu'elles le sont par rapport à η. Montrons que la corésolvante est sousmarkovienne : il suffit de montrer que si $f\in\underline{\underline{C}}_c^+(E)$ est comprise entre 0 et 1, $pf\hat{K}_p$ est $\leqq 1$: or fn est comprise entre 0 et n, donc $p(fn)\hat{U}_p$ est entre 0 et $pn\hat{U}_p \leqq n$, d'où l'inégalité $pf\hat{K}_p \leqq 1$ en divisant par n . On a d'autre part $fn\in\underline{\underline{C}}_c^+(E)$; cela entraîne que $(fn)\hat{U}_p$ et $(fn)\hat{U}_p/n = f\hat{K}_p$ sont continues pour $p\geqq 0$; cela entraîne aussi que $p(fn)\hat{U}_p \xrightarrow[p\to\infty]{} fn$, donc $pf\hat{K}_p \to f$. Le fait que 1 est purement coexcessive pour $(\hat{K}_p)$ traduit le fait que n est purement coexcessive pour $(\hat{U}_p)$. Il reste donc seulement à établir que $f\hat{K}_p$ est bornée pour tout $p\geqq 0$, si $f\in\underline{\underline{C}}_c^+(E)$. C'est évident si $p>0$; dans le cas où $p=0$, désignons par L le support compact de f, par a la borne supérieure de $f\hat{K}$ sur L. La fonction constante égale à a étant coexcessive, la relation $a\geqq f\hat{K}$ sur L entraîne $a\geqq f\hat{K}$ partout, et le théorème est établi

4 NOUS ALLONS MAINTENANT CHANGER DE NOTATIONS : NOUS ÉCRIRONS η AU LIEU DE H, $f\hat{U}_p$ AU LIEU DE $f\hat{K}_p$. AUTREMENT DIT, NOUS ALLONS REPRENDRE LES NOTATIONS DU CHAP.III, EN SUPPOSANT DE PLUS QUE 1 EST UNE FONCTION PUREMENT COEXCESSIVE. LES POTENTIELS DE GREEN ET DE MARTIN SERONT IDENTIFIÉS, ET NOTÉS COMME DES POTENTIELS DE MARTIN. AINSI

$$U_p(x,dy) = k_p(x,y)\eta(dy) \ , \ \hat{U}_p(dx,y)=\eta(dx)k_p(x,y)$$

Les notations g_p, $\mu\hat{G}$, $G\mu$ des potentiels de Green ne seront plus utilisées. La fonction n disparaît : elle est remplacée par la fonction 1 , et on a $L(1,k_y)=1$ pour tout $y\in E$ (remarquer que L a changé de sens).

ESPACES DE MARTIN GÉNÉRAUX

D5 DÉFINITION.- Nous dirons qu'un espace compact métrisable F est un espace de Martin (général) si :

1) E est un sous-ensemble dense dans F, et l'injection i de E dans F est continue .

2) Si $f\in\underline{\underline{C}}_c(E)$, la fonction $f\hat{U}$ sur E se prolonge en une fonction continue sur F .

Nous n'exigeons donc pas que E soit un sous-espace de F, et encore moins un sous-espace ouvert de F. Nous construirons plus loin des espaces de Martin particuliers. Pour l'instant, nous étudions les espaces de Martin généraux sans chercher à les préciser.

Le lecteur est prié de se reporter maintenant au chap.I, n°26, et de constater l'identité de la présente situation et de celle qui a été traitée plus haut, à deux différences près : une différence de notation (nous compactifions par rapport à $(\hat{U}_p)$ et non par rapport à (U_p)), et une différence assez importante : nous ne supposons pas que l'hypothèse b) du n°26 (le fait que $\underline{\underline{S}}$ sépare les points de F) est satisfaite. Nous utiliserons ci-dessous les notations du chap.I (à des modifications évidentes près). Nous poserons $F\setminus E = F'$; F' est appelé la frontière.

PREMIÈRES PROPRIÉTÉS : LE NOYAU DE MARTIN SUR E×F.

6 1) Soit $f\in\underline{\underline{C}}_c(E)$; on notera encore $f\hat{U}$ (ou $f\hat{K}$) le prolongement par continuité à F de la fonction $f\hat{U}$ sur E. Si $y\in F$, l'application $f\mapsto f\hat{U}(y)$ est une mesure positive sur E, notée $\hat{U}(dx,y)$ (que nous pourrons aussi considérer, comme au chap.I,§4 , comme une mesure sur F portée par E).

2) Soit $y \in F'$, et soit (y_n) une suite d'éléments de E qui converge vers y ; la mesure $\ddot{U}(.,y)$, limite vague des mesures coexcessives $\hat{U}(.,y_n)$, est coexcessive (chap.II, T11). D'après ce même théorème, elle admet une densité excessive unique par rapport à la mesure η, que nous noterons encore k_y. Nous poserons $k_y(x)=k(x,y)$ $(x \in E, y \in F)$.

3) On sait (chap.II, 12) que si des fonctions excessives v_n, v sont telles que $v_n.\eta \to v.\eta$ vaguement, on a $v \leq \liminf_n v_n$. Par conséquent, si des $y_n \in F$ convergent vers $y \in F$, on a $k_y \leq \liminf_{n \to \infty} k_{y_n}$. Autrement dit, la fonction $k(x,.)$ est s.c.i. sur F pour tout $x \in E$.

4) On a $L(1,k_y) = 1$ pour tout $y \in E$, et donc $L(1,k_y) \leq 1$ pour tout $y \in F$ (chap.II, n°13, d)).

5) Montrons maintenant que $k(.,.)$ est mesurable sur $E \times F$. L'application $y \mapsto k_y$ de F dans l'ensemble des fonctions mesurables sur E est continue pour la topologie de L^1_{loc} (cf. Chap.II,T.17), donc pour la topologie de la convergence en mesure. D'après un théorème classique (dans le cas où $F=\mathbb{R}_+$, un cas particulier de IV.T46 ; la démonstration s'étend au cas général sans modification importante), il existe une fonction $\phi(x,y)$ sur $E \times F$, mesurable et positive, telle que l'on ait $\phi(.,y)=k(.,y)$ pp sur E pour chaque $y \in F$. Alors la fonction

$$(x,y) \mapsto \int_E pU_p(x,dz)\phi(z,y) = \int_E pU_p(x,dz)k(z,y)$$

est mesurable sur $E \times F$, et il ne reste plus qu'à faire tendre p vers $+\infty$.

6) Soit μ une mesure positive <u>sur F</u> . La fonction $K\mu=\int k(.,y)\mu(dy)$ sur E est excessive : c'est par définition le <u>potentiel de Martin de</u> μ . De même, si ν est une mesure positive sur E, nous noterons $\nu\hat{K}$ la fonction s.c.i. $\int \nu(dx)k(x,.)$ sur F.

7) L'application $y \mapsto k_y$ de F dans L^1_{loc} étant continue, $f\hat{U}$ est une fonction continue sur F pour toute fonction f sur E, universellement mesurable bornée à support compact.

L'ESPACE DE MARTIN ÉCONOMIQUE

Voici un exemple important d'espace de Martin.

T7 THÉORÈME.- <u>Il existe un espace de Martin</u> F^e (<u>et un seul à isomorphisme près), appelé</u> espace de Martin économique, <u>qui possède la propriété suivante</u>

<u>Les fonctions</u> $f\hat{U}$, <u>où</u> f <u>parcourt</u> $\underline{\underline{C}}_c(E)$, <u>séparent</u> F^e.

DÉMONSTRATION.- Soit $\underline{\underline{H}}$ le sous-espace de $\underline{\underline{C}}_b(E)$ constitué par les fonctions $f\hat{U}$, où f parcourt $\underline{\underline{C}}_c(E)$; prouvons que $\underline{\underline{H}}$ est séparable. En effet, soit D un ensemble dénombrable dense dans $\underline{\underline{C}}_c(E)$: pour toute fonction $f\in\underline{\underline{C}}_c(E)$, il existe une suite (g_n) d'éléments de D, tous nuls hors d'un même compact L, qui converge uniformément vers f ; tout revient à montrer qu'alors $g_n\hat{U}$ converge uniformément vers $f\hat{U}$. Désignons par ϕ un élément de $\underline{\underline{C}}_c^+(E)$ tel que $\phi=1$ sur L, par ε un nombre >0 ; pour n assez grand, on a $|g_n-f|\leq\varepsilon\phi$, donc $|g_n\hat{U}-f\hat{U}|\leq\varepsilon.\phi\hat{U}$. Comme $\phi\hat{U}$ est bornée, $g_n\hat{U}$ converge bien uniformément vers $f\hat{U}$.

Considérons l'application continue de E dans $\mathbb{R}^D$:

$$i : x\mapsto (g\hat{U}(x))_{g\in D} \quad ;$$

i est injective : en effet, $i(x)=i(y)$ entraîne $\hat{U}(.,x)=\hat{U}(.,y)$, donc $p\hat{U}_p(.,x)=p\hat{U}_p(.,y)$ (équation résolvante), et enfin par passage à la limite vague lorsque $p\to\infty$, $\varepsilon_x=\varepsilon_y$. <u>Identifions</u> l'ensemble E à son image i(E), et désignons par F^e l'adhérence de E dans $\mathbb{R}^D$, munie de la topologie induite par $\mathbb{R}^D$. La topologie induite par F^e sur E est moins fine que la topologie initiale de E, F^e est compact métrisable, et E est dense dans F^e. Toute fonction $g\hat{U}$ $(g\in D)$ sur E coïncide avec la restriction à E de la coordonnée d'indice g sur $\mathbb{R}^D$: elle se prolonge donc (de manière unique) en une application continue sur $\hat{F}$. Par passage à la limite uniforme, on voit que toute application $f\hat{U}$ sur E $(f\in\underline{\underline{C}}_c(E))$ se prolonge par continuité à F^e. Ainsi, F^e est un espace de Martin. D'autre part, les prolongements ainsi construits séparent évidemment F^e.

Soit F un second espace de Martin. Pour tout $g\in D$, la fonction $g\hat{U}$ sur E admet un prolongement par continuité unique à F, que nous noterons $(g\hat{U})'$. Soit j l'application de F dans $\mathbb{R}^D$

$$x\longmapsto((g\hat{U})'(x))_{g\in D} \quad ;$$

j est continue et applique E sur i(E) (identifié à E), donc F dans F^e. D'autre part, j(F) est compact, donc fermé dans F^e, et contient i(E) qui est dense dans F^e. Donc $j(F)=F^e$. Ainsi, tout espace de Martin admet une projection canonique j sur F^e.

En particulier, supposons que les prolongements à F des fonctions $f\hat{U}$ $(f\in\underline{\underline{C}}_c(E))$ séparent F ; il en est alors de même des fonctions $(g\hat{U})'$ $(g\in D)$ qui forment un ensemble dense dans l'ensemble des fonctions précédentes. Autrement dit, la projection j de F sur F^e est injective et continue, c'est un homéomorphisme de F sur F^e, et le théorème est établi.

8 REMARQUE.- L'espace de Martin le plus usuel n'est pas l'espace F^e qui vient d'être construit, mais un " plus gros" espace F° que nous allons décrire maintenant (c'est l'espace introduit par Martin dans le cas classique, à de légères modifications près , et aussi celui que considèrent KUNITA-WATANABE).

D étant toujours un ensemble dénombrable dense dans $\underline{\underline{C}}_c(E)$, soit D° l'ensemble constitué par D et par les fonctions $g\hat{U}$, où g parcourt D . Soit i° l'injection continue $x \mapsto (h(x))_{h \in D^\circ}$ de E dans $\bar{\mathbb{R}}^{D^\circ}$; identifions E à $i^\circ(E)$ au moyen de i°, et désignons par F° l'adhérence (compacte) de E dans $\bar{\mathbb{R}}^{D^\circ}$. La même démonstration que plus haut montre que F° est un espace de Martin. Mais cette fois ci, contrairement à ce qui se produisait dans le cas de F^e, <u>l'injection i° de E dans F° est un homéomorphisme de E sur un ouvert de F°</u>.

En effet, nous avons cette fois la propriété suivante : <u>toute fonction $g \in \underline{\underline{C}}_c(E)$ est restriction à E d'une fonction $g^\circ \in \underline{\underline{C}}(F^\circ)$, unique</u>. Cela est vrai en effet si $g \in D$, et s'étend à $\underline{\underline{C}}_c(E)$ par convergence uniforme. Je dis que g° est simplement le prolongement par 0 de g à F°. En effet, g est nulle hors d'un compact L de E (donc de F°) ; $F^\circ \setminus L$ est ouvert dans F° et contient $F^\circ \setminus E$, et tout point de $F^\circ \setminus E$ est donc adhérent à $E \setminus L$, où g est nulle : donc g° est bien nulle sur $F^\circ \setminus E$.

Soit H un ouvert de E, et soit $\underline{\underline{H}}$ la famille des $g \in \underline{\underline{C}}_c^+(E)$, à support compact contenu dans H, et majorées par 1 . On a $I_H = \sup_{g \in \underline{\underline{H}}} g$ dans E .

D'après ce qui précède, on a aussi $I_H = \sup_{g \in \underline{\underline{H}}} g^\circ$ dans F°. Mais cela entraîne que I_H est semi-continue inférieurement dans F°, donc que H est ouvert dans F° . Il en résulte d'abord que E est ouvert dans F°, puis que l'injection de E dans F° est un homéomorphisme de E sur son image.

§ 2 . Réduites extérieures sur un espace de Martin .

Voici d'abord un lemme de théorie des capacités.

T9 LEMME.- Soient G un espace localement compact, c une fonction positive définie sur l'ensemble $\underline{\underline{O}}$ des ouverts de G, croissante, fortement sous-additive, et satisfaisant à la condition suivante

pour tout $A \in \underline{\underline{O}}$, on a $c(A) = \sup_B c(B)$, où B parcourt l'ensemble des ouverts relativement compacts dans A.

Pour tout $A \subset G$, posons $c^*(A) = \inf_{\substack{B \supset A \\ B \in \underline{\underline{O}}}} c(B)$. La fonction d'ensemble c^* est alors une capacité de CHOQUET continue à droite.

DÉMONSTRATION.- Soit $\underline{\underline{K}}$ l'ensemble des compacts de G . Posons $d(K)=c^*(K)$ .1
pour tout $K \in \underline{\underline{K}}$; d est (sur $\underline{\underline{K}}$) positive, croissante et continue à droite, montrons qu'elle est fortement sous-additive. Soient K_1 et K_2 deux compacts, G_1 et G_2 deux ouverts tels que $K_i \subset G_i$, $c(G_i) \leqq d(K_i)+\varepsilon$ pour i=1,2. Alors

$$d(K_1 \cup K_2) + d(K_1 \cap K_2) \leqq c(G_1 \cup G_2) + c(G_1 \cap G_2) \leqq c(G_1) + c(G_2)$$
$$\leqq d(K_1) + d(K_2) + 2\varepsilon ,$$

d'où la sous-additivité forte. Formons alors la capacité extérieure d^* associée à d :

$$d^*(A) = \sup_{\substack{K \subset A \\ K \in \underline{\underline{K}}}} d(K) \quad \text{si A est ouvert, puis} \quad d^*(A) = \inf_{\substack{B \supset A \\ B \in \underline{\underline{O}}}} d^*(B)$$

pour A quelconque.

On sait que d^* est une capacité de CHOQUET continue à droite (IV
Il suffit donc de montrer que $d^*(A)=c(A)$ si A est ouvert. Mais si K est compact contenu dans A on a $d(K) \leqq c(A)$, donc $d^*(A) \leqq c(A)$; d'autre part, on a $c(B) \leqq d(\overline{B}) \leqq d^*(A)$ pour tout ouvert B relativement compact dans A, donc $c(A) \leqq d^*(A)$, d'où l'égalité cherchée, et le lemme.

D10 DÉFINITION.- Soit u une fonction excessive finie pp sur E. On pose pour tout ouvert A de (l'espace de Martin général) F

$$\overline{P}_A u = P_{A \cap E} u \quad .$$

<u>Soit</u> B <u>une partie quelconque de</u> F . <u>On pose</u>

$$\pi_B u = \inf_A \overline{P}_A u \quad (\text{ A parcourant l'ensemble des ouverts/F contenant B })$$

<u>et on désigne par</u> $\overline{P}_B u$ <u>la régularisée excessive de</u> $\pi_B u$.

Cette dernière phrase est justifiée par XV.T50 : la fonction $\pi_B u$, enveloppe inférieure d'une famille de fonctions excessives, ne diffère d'une fonction excessive que sur un ensemble semi-polaire.

Nous dirons que $\overline{P}_B u$ est la <u>réduite extérieure</u> de u sur B . Il s'agit d'une notion très intéressante, que l'on aurait déjà pu utiliser sur E, sans référence à aucun espace de Martin contenant E. On notera que (contrairement à la réduite ordinaire) $\overline{P}_B u$ n'est pas le résultat de l'application à la fonction u d'un noyau $\overline{P}_B$.

THÉORÈME.- <u>Soit</u> x <u>un point de</u> E. <u>La fonction d'ensemble</u> $B \mapsto \pi_B u^x$ <u>est une capacité de CHOQUET (sur</u> F) <u>continue à droite et fortement sous-additive . La fonction</u> $B \mapsto \overline{P}_B u^x$ <u>est croissante et fortement sous-additive. Si</u> (B_n) <u>est une suite croissante de parties de</u> F, <u>de réunion</u> B, <u>on a</u> $\overline{P}_B u = \sup_n \overline{P}_{B_n} u$.

<u>Si</u> B <u>est une partie borélienne de</u> F, <u>il existe une suite décroissante</u> (G_n) <u>d'ouverts de</u> F <u>contenant</u> B, <u>une suite croissante</u> (K_n) <u>de compacts de</u> F <u>contenus dans</u> B, <u>telles que</u>

$$\overline{P}_B u = \sup_n \overline{P}_{K_n} u \qquad \text{partout sur } E ,$$

$$\overline{P}_B u = \inf_n \overline{P}_{G_n} u \qquad \text{pp sur } E .$$

DÉMONSTRATION.- Pour tout ouvert A de F, posons $c(A)=P_{A\cap E}u^x$. Comme A est réunion d'une suite croissante d'ouverts de F relativement compacts dans A (pour la topologie de F), c satisfait aux hypothèses de T9, et c^* est la fonction $B \mapsto \pi_B u^x$, d'où la première phrase. La seconde est évidente, car les inégalités de croissance et de sous-additivité forte ont lieu pour presque tout $x \in E$, donc pour tout x puisque ce sont des inégalités entre fonctions excessives. La troisième phrase est de même évidente.

Passons à la seconde partie de l'énoncé. Choisissons une mesure λ équivalente à η, telle que $<\lambda, u> < \infty$, et posons pour tout ouvert A de F $c(A) = <\lambda, P_{A\cap E}u>$; on a pour tout compact K de F $c^*(K) =$

$< \lambda, \pi_K u > = < \lambda, \overline{P}_K u >$ (XV.T50 ; λ ne charge pas les ensembles semi-polaires). D'autre part, c^* est une capacité continue à droite d'après T9 ; B étant borélienne, le théorème de capacitabilité de CHOQUET entraîne l'existence, pour tout n, d'un compact $K_n \subset B$, d'un ouvert $G_n \supset B$, tels que

$$c^*(G_n) - c^*(K_n) = < \lambda, \overline{P}_{G_n} u - \overline{P}_{K_n} u > \leqq \frac{1}{n} .$$

La suite (G_n) peut être supposée décroissante, la suite (K_n) croissante, et il en résulte que

$$\sup_n \overline{P}_{K_n} u \leqq \overline{P}_B u \leqq \inf_n \overline{P}_{G_n} u$$

les deux membres extrêmes étant égaux presque partout. D'où l'énoncé, les fonctions $\overline{P}_B u$ et $\sup_n \overline{P}_{K_n} u$ étant excessives.

La proposition suivante est très utile .

T12 THÉORÈME.- <u>Soit</u> A <u>une partie borélienne de la frontière</u> F'. <u>Alors</u> $\overline{P}_A u$ <u>est harmonique, et il existe une suite décroissante</u> (H_n) <u>d'ouverts de</u> F <u>contenant</u> A, <u>telle que</u> $P_{H_n \cap E} u$ <u>tende vers</u> $\overline{P}_A u$ <u>sur</u> $\{u < \infty\}$.

DÉMONSTRATION.- Soit (K_n) une suite croissante de compacts de E (donc de F) dont les intérieurs recouvrent E, et soit $J_n = F \setminus K_n$. Soit (G_n) une suite décroissante d'ouverts de F contenant A, telle que $\overline{P}_A u = \inf_n P_{G_n \cap E} u$ pp (T11), et soit $H_n = G_n \cap J_n$. Il ne reste plus qu'à appliquer le th.14 du chap.I aux ensembles fermés $B_n = H_n^c$.

T13 THÉORÈME.- <u>Soient</u> A <u>et</u> B <u>deux ensembles boréliens tels que</u> $A \subset B$. <u>Alors</u> $\overline{P}_B \overline{P}_A u = \overline{P}_A \overline{P}_B u = \overline{P}_A u$.

DÉMONSTRATION.- Il suffit de montrer que $\overline{P}_B \overline{P}_A u = \overline{P}_A u$, car cela entraîne en particulier $\overline{P}_A \overline{P}_A u = \overline{P}_A u$ (en faisant B=A), puis $\overline{P}_A \overline{P}_B u \geqq \overline{P}_A u$, et enfin l'égalité $\overline{P}_A \overline{P}_B u = \overline{P}_A u$. Il suffit alors de raisonner dans le cas où B est <u>ouvert</u> dans F. Mais alors $\overline{P}_B = P_{B \cap E}$ est un noyau, et la dernière partie de T11 permet de se limiter au cas où A est un <u>compact de</u> F <u>contenu dans l'ouvert</u> B . Choisissons une suite décroissante (G_n) d'ouverts de F contenus dans B, contenant A, telle que $A = \bigcap_n \overline{G}_n$ et que $\overline{P}_A u = \inf_n \overline{P}_{G_n \cap E} u$ pp . Désignons par v cette dernière fonction, par w la fonction excessive $\overline{P}_A u$, régularisée de v, par W l'ensemble

$\{v \neq w\}$: nous allons montrer que W est réunion d'un ensemble polaire, et d'un ensemble semi-polaire contenu dans $E \cap A$. En effet, $P_{G_n \cap E} u$ est harmonique dans $E \setminus \overline{G}_n$ (chap.I, n°13), et le th. 14 du chap.I entraîne (comme l'hypothèse (B) est satisfaite ici : chap.III, T17) que $\inf_k P_{G_k \cap E} u$ est égale à sa régularisée w dans $E \setminus \overline{G}_n$, sauf peut être en des points où u vaut $+\infty$. Mais n est arbitraire, et on a donc v=w quasi-partout dans $E \setminus A$. D'autre part, W est semi-polaire (th. de DOOB : XV.T32), et $W \cap A$ est donc semi-polaire. D'après le th.18 du chapitre III, la répartition de $X_{T_{B \cap E}}$ pour la loi $\underset{\sim}{P}^x$ ne charge pas $W \cap A$ si $x \notin B$, ni $W \setminus A$ qui est polaire : elle ne charge donc pas W. Cette propriété est évidemment satisfaite aussi si $x \in B \setminus W$, elle est donc satisfaite pour presque tout x . Mais on a en tout point x possédant cette propriété $\overline{P}_B \overline{P}_A u = P_{B \cap E} w = P_{B \cap E} v$; on a donc presque partout

$$\overline{P}_B \overline{P}_A u = P_{B \cap E} v = \lim_n P_{B \cap E} P_{G_n \cap E} u = \lim_n P_{G_n \cap E} u = \overline{P}_A u$$

les membres extrêmes étant des fonctions excessives, ils sont égaux partout, et le théorème est établi.

Le résultat suivant présente un caractère assez technique. Il est clair pourtant que nous avons besoin d'un résultat de ce genre : nous n'avons jamais fait varier u dans $\overline{P}_A u$ (il est seulement évident que $\overline{P}_A u$ est additive en u) , et nous avons affirmé que $\overline{P}_A$ n'est pas un noyau ! La forme abstraite donnée à l'énoncé est adaptée aux besoins de la fin du paragraphe : il est facile de démontrer directement le corollaire, en adaptant un peu la preuve ci-dessous. Enfin, les notations sont celles du chap.II, §2 ($\underline{\underline{E}}$ est le cône des fonctions coexcessives localement intégrables, plongé dans $L^1_{loc}(\eta)$).

T14 THÉORÈME.- Soient $\underline{\underline{C}}$ un sous-ensemble convexe compact de $\underline{\underline{E}}$, μ une mesure positive de masse 1 sur $\underline{\underline{C}}$, u le barycentre de μ. Soit A une partie borélienne de E . Soit λ une mesure positive sur E .

a) Supposons que A soit ouverte ou compacte. Alors la fonction $g \mapsto \langle \lambda, \overline{P}_A g \rangle$ est borélienne sur $\underline{\underline{C}}$, et on a

$$(1) \qquad \langle \lambda, \overline{P}_A u \rangle = \int_{\underline{\underline{C}}} \langle \lambda, \overline{P}_A g \rangle \mu(dg)$$

b) Dans le cas général, $g \mapsto \langle \lambda, \overline{P}_A g \rangle$ est μ-mesurable (donc universellement mesurable sur $\underline{\underline{C}}$, μ étant arbitraire) et on a (1) .

DÉMONSTRATION.- Si A est <u>ouvert</u> dans F, soit $G=A\cap E$; on a $\overline{P}_A g=P_G g$ pour toute fonction excessive g , et dans ce cas $<\lambda,\overline{P}_A g> = <\lambda',g>$, λ' désignant la mesure λP_G. Or $g\mapsto <\lambda',g>$ est une forme affine s.c.i. sur $\underline{\underline{C}}$, d'après le th.12 du chap.II et le lemme de Fatou (elle est donc borélienne, en particulier), et (1) a lieu d'après XI.8, a) - ou d'après un raisonnement direct tout à fait analogue à celui qui est donné ci-dessous, dans le cas d'un compact (cf. surtout p.61, la fin)

Supposons A <u>compact</u> dans F , et choisissons une suite décroissante (A_n) d'ouverts de F telle que $A=\bigcap_n \overline{A}_n$: tout ouvert contenant A contient l'un des A_n , et on a donc $\overline{P}_A g = \inf_n \overline{P}_{A_n} g$ pp , pour toute fonction excessive g . Il en résulte aussitôt (th. de Lebesgue) que si f est positive, borélienne bornée à support compact, la fonction $g\mapsto <f,\overline{P}_A g>_\eta$ est borélienne sur $\underline{\underline{C}}$, et que l'on a

$$(1) \qquad <f,\overline{P}_A u>_\eta = \int_{\underline{\underline{C}}} <f,\overline{P}_A g>_\eta \mu(dg)$$

Soit $\lambda=f.\eta$ une mesure absolument continue par rapport à η ; f est limite d'une suite croissante (f_n) de fonctions du type précédent, et il résulte aussitôt du th. de Lebesgue sur la convergence monotone que dans ce cas $g\mapsto<\lambda,g>$ est borélienne, et que l'on a (1). Enfin, pour passer au cas général où λ n'est pas supposée absolument continue, on applique le cas particulier précédent aux mesures absolument continues λpU_p , et on fait tendre p vers $+\infty$, en raisonnant à nouveau par convergence monotone.

Passons au cas général : A étant borélienne, appliquons T11 et choisissons une suite décroissante (G_n) d'ouverts contenant A, telle que $\overline{P}_{G_n} u$ tende pp vers $\overline{P}_A u$, et posons $w_g = \inf_n \overline{P}_{G_n} g$ pour toute fonction $g\in\underline{\underline{C}}$; soit $\hat{w}_g$ la régularisée de w_g. De même , choisissons une suite croissante (L_n) de compacts contenus dans A, telle que $\overline{P}_{L_n} u$ tende vers $\overline{P}_A u$, et posons $v_g = \sup_n \overline{P}_{L_n} g$. Soit encore f une fonction **borélienne** positive bornée à support compact. Il résulte des deux premières parties, et du théorème de Lebesgue que les fonctions $g\mapsto <f,v_g>_\eta$, $g\mapsto <f,w_g>_\eta$ sont boréliennes et encadrent $g\mapsto<f,\overline{P}_A u>$, et d'autre part que

$$<f,\overline{P}_A u>_\eta = <f,v_u>_\eta = \int_{\underline{\underline{C}}} <f,v_g>_\eta \mu(dg)$$

$$<f,\overline{P}_A u>_\eta = <f,w_u>_\eta = \int_{\underline{\underline{C}}} <f,w_g>_\eta \mu(dg)$$

Les deux fonctions encadrantes ont donc la même intégrale finie : elles sont donc égales μ-pp , et égales à $g \mapsto < f,\overline{P}_A g >$ pp . La seconde partie de l'énoncé est donc établie lorsque $\lambda = f.\eta$, avec f du type indiqué. On en déduit comme ci-dessus le cas général, en passant par convergence monotone au cas où f est borélienne positive quelconque, puis aux mesures.

14bis COROLLAIRE.- Soit ν une mesure bornée sur F. La fonction $u=K\nu$ est alors finie pp , la fonction $y \mapsto \overline{P}_A k_y^{\,x}$ est borélienne dans F (resp. universellement mesurable) pour tout $x \in E$ si A est ouverte ou fermée (resp. si A est borélienne) , et on a

$$\overline{P}_A u^{\,x} = \int_F \overline{P}_A k_y^{\,x} \, \nu(dy)$$

DÉMONSTRATION.- On a $L(1,u) = \int L(1,k_y)\nu(dy)$ (chap.II, n°13, f)), donc $L(1,u) \leq |\nu|$ et u est finie pp (chap.II.T14). Rien n'empêche de supposer que $|\nu|=1$. Soit alors k l'application continue $y \mapsto k_y$ de F dans le chapeau $\underline{\underline{C}}$ de $\underline{\underline{E}}$ constitué par les fonctions excessives g telles que $L(1,g) \leq 1$, et soit μ la mesure $k(\nu)$; u est alors le barycentre de μ sur $\underline{\underline{C}}$, et $y \mapsto \overline{P}_A k_y^{\,x}$ est l'application composée de k et de $g \mapsto < \varepsilon_x, \overline{P}_A g >$ sur $\underline{\underline{C}}$. On applique alors T14 .

§ 3. La représentation intégrale de Martin.

FORME FAIBLE DE LA REPRÉSENTATION INTÉGRALE

D15 NOTATIONS .- Nous poserons dans tout ce paragraphe

$F_1 = \{ y \in F : L(1,k_y) = 1 \}$

$F_e = \{ y \in F_1 : k_y$ est excessive extrémale $\}$

$F_m = \{ y \in F_e : \overline{P}_{\{y\}} k_y = k_y \}$

Les éléments de F_m sont appelés les points minimaux de F ; tout point de E est minimal (chap.III, T6 et T11). Les intersections des trois ensembles ci-dessus avec la frontière $F' = F \setminus E$ seront notées respectivement F'_1, F'_e , F'_m .

La définition des points minimaux donnée ci-dessus est trop forte : nous verrons à la fin du paragraphe que $y \in F$ est minimal si et seulement si $\overline{P}_{\{y\}} k_y \neq 0$.

Voici le premier théorème de représentation de Martin :

T16 THÉORÈME.- Soient A un ensemble borélien dans F, u une fonction excessive telle que $L(1,u) < +\infty$. Il existe une représentation de $\overline{P}_A u$ de la forme $\overline{P}_A u = K\mu$, où μ est une mesure portée par $\overline{A}$, de masse totale $|\mu| = L(1, \overline{P}_A u)$; μ est portée par F_1. Si $A \subset F'$, on peut supposer que μ est portée par A .

DÉMONSTRATION.- 1) Si A est un ouvert relativement compact de E, le théorème est déjà connu (chap.III,T9), sauf l'assertion relative à la masse totale. Mais on a $L(1,K\mu) = \int L(1,k_y)\mu(dy) = |\mu|$ du fait que $L(1,k_y)=1$ si $y \in E$ (et d'après le chap.II, n°13, f)).

2) Soit B un ouvert de F ; montrons que $\overline{P}_B u$ est un potentiel de Martin $K\mu$, où μ est portée par $\overline{B}$, et a pour masse totale $L(1, \overline{P}_B u)$. Soit $C = B \cap E$; nous pouvons écrire $C = \bigcup_n C_n$, où les C_n forment une suite croissante d'ouverts relativement compacts dans E. Alors d'après 1) $P_{C_n} u$ est un potentiel de Martin $K\mu_n$, où μ_n est portée par $\overline{C}_n$, et a pour masse $L(1,P_{C_n} u)$. Quitte à remplacer la suite (C_n) par une suite extraite, nous pouvons supposer que les mesures μ_n convergent vaguement sur F vers une mesure μ, et on a $|\mu| = \lim_n |\mu_n| = \lim_n L(1,P_{C_n} u) \overset{(*)}{=} L(1,P_C u) = L(1, \overline{P}_B u)$. Il est clair que μ est

(*) Chap. II, 13, c)

portée par $\overline{B}$, il nous reste à montrer que $K\mu=\overline{P}_B u$. Or posons $v_n = P_{C_n} u$, $v = \overline{P}_B u = P_C u = \lim_n v_n$. La mesure $v_n . \eta$ tend vaguement vers $v . \eta$ sur E, on a donc si $f \in \underline{\underline{C}}_c^+(E)$

$$<f,v>_\eta = \lim_n < f,v_n >_\eta = \lim_n < f,K\mu_n >_\eta = \lim_n < f\hat{K},\mu_n >_\eta$$
$$= < f\hat{K},\mu >_\eta = < f,K\mu >_\eta$$

(rappelons que $f\hat{K}$ est une autre notation pour $f\hat{U}$) . Par conséquent, on a $v=K\mu$ pp sur E, et donc partout.

3) Considérons maintenant un <u>compact</u> A de F ; il existe une suite décroissante (B_n) d'ouverts de F contenant A, telle que $A=\bigcap_n \overline{B}_n$. Posons $v= \overline{P}_A u$: on a $\overline{P}_A v = \overline{P}_A u = v$, et $\overline{P}_B v = v$ pour tout n (T13). D'après 2) appliqué à v, on peut écrire $v \overset{n}{=} \overline{P}_{B_n} v = K\mu_n$, où μ_n est une mesure portée par $\overline{B}_n$, de masse égale à $L(1,\overline{P}_{B_n} v) = L(1,v)$. Comme ci-dessus, on peut supposer que les μ_n convergent vaguement vers une mesure μ portée par A, et on vérifie que $v=\overline{P}_A u=K\mu$. On a d'autre part $|\mu| = \lim_n |\mu_n| = L(1,v) = L(1,\overline{P}_A u)$ (en fait, c'est uniquement pour obtenir ce résultat sur la masse totale que nous avons travaillé sur v au lieu de u).

4) Traitons le cas où A est borélien dans F. On choisit alors (T11) une suite croissante (A_n) de compacts contenus dans A, telle que $\overline{P}_{A_n} u$ tende (en croissant) vers $\overline{P}_A u$; en vertu de 3), on peut écrire $\overline{P}_{A_n} u = K\mu_n$, où μ_n est portée par A_n et a pour masse $L(1,\overline{P}_{A_n} u)$. On achève la démonstration comme plus haut.

5) Supposons que l'ensemble borélien A soit contenu dans la frontière F'. Les fonctions $\overline{P}_{A_n} u$ sont alors <u>harmoniques</u> (T12) . Posons

$$u_0 = v_0 = \overline{P}_{A_0} u$$
$$u_n = \overline{P}_{A_n} u - \overline{P}_{A_{n-1}} u \text{ sur } \{u<\infty\} \text{ , } u_n = +\infty \text{ sur } \{u=\infty\}$$

La fonction u_n est surharmonique , donc surmédiane ; soit v_n sa régularisée excessive : on a $\overline{P}_{A_{n-1}} u + v_n = \overline{P}_{A_n} u$. En appliquant $\overline{P}_{A_n}$ aux deux membres, il vient que $\overline{P}_{A_n} v_n = v_n$ sur $\{u<\infty\}$, donc pp, donc partout. Par conséquent, v_n est potentiel de Martin d'une mesure μ_n portée par A_n, donc par A, et de masse égale à $L(1,v_n)$. Mais alors $\overline{P}_A u = \sum_n v_n$ est le potentiel de Martin de la mesure $\mu=\sum_n \mu_n$, portée par A et de masse $L(1,\overline{P}_A u)$.

6) Enfin, si $\overline{P}_A u$ est potentiel d'une mesure μ de masse totale $L(1,\overline{P}_A u)$, on a (chap.II, n°13) $|\mu| = L(1,K\mu)= \int L(1,k_y)\mu(dy)$. Comme on a $L(1,k_y)$ partout, μ ne peut charger l'ensemble des y tels que $L(1,k_y) < 1$, et μ est donc portée par F_1 .

Voici un résultat voisin du précédent, qui donne une condition suffisante pour l'existence d'une représentation de Martin $K\mu$, où μ est portée par E - c'est à dire une représentation de Green. Pour en bien saisir le sens, se rappeler que nous savons cela <u>pour un potentiel</u> . Or la condition $\overline{P}_{F'}u = 0$ (et à plus forte raison les conditions plus faibles considérées dans l'énoncé) <u>n'entraîne pas que u est un potentiel</u> . Du moins , nous ne savons montrer que u est un potentiel que si F est l'espace F° du n°8. La difficulté est la suivante : si $\overline{P}_{F'}u =0$, il existe une suite décroissante (H_n) d'ouverts de F contenant F', telle que $P_{H_n^c}u$ tende vers 0 pp, mais les H_n^c ne sont pas des compacts de E, seulement des compacts de F contenus dans E (et fermés dans E), et cela ne permet pas d'affirmer que u soit un potentiel

T17 THÉORÈME.- <u>Soient</u> u <u>une fonction excessive telle que</u> $L(1,u)<\infty$, A <u>un compact de</u> F <u>tel que</u> $\overline{P}_{A\cap F'}u = 0$. <u>Alors</u> $\overline{P}_A u$ <u>est le potentiel de Martin</u> $K\mu$ <u>d'une mesure</u> μ <u>portée par</u> $A\cap E$ <u>et par</u> F_1 , <u>de masse totale</u> $L(1,\overline{P}_A u)$.

DÉMONSTRATION.- Posons $\overline{P}_A u=v$; nous avons $\overline{P}_A v = v = \overline{P}_A u$ (T13). Choisissons une suite décroissante (G_n) d'ouverts de F, contenant $A\cap F'$, et telle que $\overline{P}_{G_n} v \leqq \overline{P}_{G_n} u$ tende vers 0 sur $\{u<\infty\}$ (T12), donc quasi-partout

Posons $H_n=A\setminus G_n$; H_n est un fermé de F (donc un compact/F et un fermé de E) contenu dans $E\setminus A$. D'après T16, $\overline{P}_{H_n} v$ est potentiel de Martin d'une mesure μ_n portée par H_n, de masse $L(1,\overline{P}_{H_n} v)$, et la relation de sous-additivité

$$v = \overline{P}_A v \leqq \overline{P}_{H_n} v + \overline{P}_{G_n} v$$

montre que la limite de la suite croissante $K\mu_n=\overline{P}_{H_n} v$ est égale à v. Quitte à remplacer la suite (H_n) par une suite extraite, nous pouvons supposer que la suite (μ_n) converge vaguement sur F vers une mesure μ. Il est clair que μ est portée par A, que $L(1,v\ ) = |\mu|$, et on vérifie comme au n°16 que $v=K\mu$. Il nous reste à montrer que μ est portée par E.

Choisissons une fonction $f\in\underline{\underline{C}}_0^+(E)$, strictement positive en tout point de E, et telle que $\hat{fU}$ appartienne à $\underline{\underline{C}}(F)$: il est facile de construire f comme somme d'une série d'éléments de $\underline{\underline{C}}_c^+(E)$ (telle que $<f,u>_\eta < \infty$). Posons $f\hat{U}=g$, $\mu_n'=g.\mu_n$, $\mu'=g.\mu$; μ_n' converge vaguement vers μ' sur F. On a

$$\mu_n'(H_m^c) = \int_{H_m^c} g\, d\mu_n = \int_{H_m^c \cap A} g\, d\mu_n = \int_{G_m} g\, d\mu_n = < f\hat{U} , I_{G_m}.\mu_n >$$

$$= < f, K(I_{G_m}.\mu_n) >_\eta$$

Mais G_m est ouvert dans F, $G_m \cap E$ ouvert dans E, et μ_n est portée par H_n, donc par E ; $K(I_{G_m}.\mu_n)$ est donc potentiel de Martin, et de Green, d'une mesure portée par $G_m \cap E$. Par conséquent (chap.III, T6) on a $K(I_{G_m}.\mu_n) = P_{G_m \cap E}K(I_{G_m}.\mu_n) = \overline{P}_{G_m}(K(I_{G_m}.\mu_n)) \leqq \overline{P}_{G_m} u$. D'où finalement $\mu_n'(H_m^c) \leqq < f,\overline{P}_{G_m} u >_\eta$ pour tout n. Soit $\varepsilon>0$; si m est choisi assez grand pour que $< f,\overline{P}_{G_m} u>_\eta \leqq \varepsilon$, H_m porte toutes les μ_n' (et donc μ') à ε près. Il en résulte que μ' est portée par $\bigcup_m H_m \subset E$.

Comme $\mu'=f\hat{U}.\mu$, il en résulte que μ est portée par la réunion de E, et de l'ensemble $\{ y: f\hat{U}(y)=0\}$. Mais f est strictement positive partout sur E, donc cet ensemble est identique à $\{y : k_y=0\}$. Nous savons d'autre part (cf. la fin de la démonstration de T16) que μ est portée par F_1. Donc μ est portée par E, et le théorème est prouvé.

Voici une conséquence immédiate de T16. Nous verrons beaucoup mieux par la suite (le fait que y peut être choisi <u>minimal</u>).

T18 COROLLAIRE.- <u>Soit</u> u <u>une fonction excessive extrémale normalisée</u> ; <u>il existe</u> $y \in F_e$ <u>tel que</u> $u=k_y$.

En effet, appliquons T16 avec $A=F$; il vient que $u=K\mu$, où μ est une mesure de masse 1 portée par F_1. Comme u est extrémale, μ est portée par l'ensemble des $y \in F_1$ tels que k_y et u soient proportionnels, donc tels que $u=k_y$. Il existe donc au moins un tel y, on a $y \in F_e$ par définition, et l'énoncé est prouvé.

DIGRESSION : APPLICATION DE T16 À L'ÉTUDE DE E_H

T19 THÉORÈME.-a) <u>Soit</u> A <u>une partie borélienne de</u> E_H , <u>et soit</u> u <u>une fonction excessive telle que</u> $L(1,u)<\infty$; $\overline{P}_A u$ <u>est alors harmonique, et il existe une mesure</u> μ <u>portée par</u> A <u>telle que</u> $\overline{P}_A u = K\mu$.

b) E_H <u>est polaire</u> .

(*) On comparera ce théorème à T12, et à T24bis ci-dessous qui les améliore tous deux.

Noter une conséquence de cet énoncé : soit u une fonction excessive finie pp . On peut choisir une fonction n de la forme $r\hat{G}$ telle que $L(n,u)=\langle r,u\rangle <\infty$ (chap.II, T8), puis construire à partir de n l'espace de Martin F° du n°8 . Comme l'injection de E dans F° est un homéomorphisme sur un ouvert, $\overline{P}_A u$ peut être calculée dans E si $A\subset H$. Cette fonction est potentiel de Green d'une mesure ν portée par A : on a donc obtenu un résultat qui ne fait plus intervenir que E.

DÉMONSTRATION.- Commençons par supposer A compacte. Alors $\overline{P}_A u$ est poten -tiel de Martin d'une mesure μ portée par A (T16). Comme $A\subset E_H$, $K\mu$ est harmonique . Le cas où A est borélienne se traite comme la partie 5) de la démonstration de T16.

Soit $y\in E_P$; $\overline{P}_{E_H} k_y$ est une fonction harmonique majorée par le potentiel k_y, elle est donc nulle. Il résulte alors du fait que $E\setminus E_P$ est de potentiel nul (chap.III, T4) et de T14, que $\overline{P}_{E_H} Uf = 0$ pour toute fonction positive f sur E. On a donc a fortiori $P_{E_H} Uf=0$; comme P_{E_H} est un noyau, et comme la fonction 1 sur E est l'enveloppe supérieure d'une suite croissante de potentiels Uf_n, on a $P_{E_H}1=0$, et E_H est polaire.

EXISTENCE DE POINTS MINIMAUX

T20 THÉORÈME.- Soit u une fonction excessive extrémale normalisée, et soit $A\subset E_H\cup F'$. S'il existe $y\in A\cap F_m$ tel que $u=k_y$ on a $\overline{P}_A u=u$; sinon, $\overline{P}_A u=0$.

DÉMONSTRATION.- Si A contient un $y\in F_m$ tel que $u=k_y$, on a $\overline{P}_A u \geq \overline{P}_{\{y\}} k_y = k_y=u$, d'où l'égalité. Sinon, il suffit de montrer séparément que $\overline{P}_{A\cap E_H} u=0$ et $\overline{P}_{A\cap F'} u=0$, car alors $\overline{P}_A u=0$ par sous-additivité. Autrement dit, il suffit de traiter séparément les cas $A\subset E_H$, $A\subset F'$: nous ne traiterons que le second, qui est plus difficile. Notons d'abord que si B est une partie borélienne de F', $\overline{P}_B u$ est harmonique majorée par u, donc majorée au sens fort par u (note au bas de la p.12), et finalement de la forme au ($a\in[0,1]$) du fait que u est extrémale. En écrivant que $\overline{P}_B\overline{P}_B u = \overline{P}_B u$ (T13), il vient que $a^2=a$, donc a=0 ou 1.

Soit $z\in A$. On ne peut avoir $\overline{P}_{\{z\}}u=u$, car cela entraînerait (T16) que u est potentiel de Martin d'une mesure de masse 1 portée par $\{z\}$, donc que $u=k_z$, que k_z est normalisée, et que $\overline{P}_{\{z\}}k_z = k_z$ finalement : z serait donc minimal contrairement à l'hypothèse. On a par conséquent $\overline{P}_{\{z\}}u=0$. Soit (G_n) une suite décroissante de voisinages de z dans F , telle que $\overline{P}_{G_n}u$ tende pp vers $\overline{P}_{\{z\}}u$, et soit $V_n = G_n\cap F'$.

Pour n assez grand, on a $\overline{P}_{G_n} u \neq u$, donc a fortiori $\overline{P}_{V_n} u \neq u$, et enfin (comme $V_n \subset F'$) $\overline{P}_{V_n} u = 0$. Autrement dit, les ouverts V de F' tels que $\overline{P}_V u=0$ recouvrent A . La topologie de A admettant une base dénombrable, il existe une suite de tels ouverts recouvrant A . Il résulte alors de la sous-additivité dénombrable des réduites extérieures (T11) que $\overline{P}_A u = 0$.

Voici la version précisée de T18 (pour voir qu'elle généralise T18, prendre A=F). Noter qu'inversement, si A contient un point minimal y tel que $u=k_y$, on a $\overline{P}_A u \geq \overline{P}_{\{y\}} k_y = u$, donc $\overline{P}_A u = u$.

T21 THÉORÈME.- Soient u une fonction excessive extrémale normalisée, A un ensemble fermé dans F tel que $\overline{P}_A u=u$. Il existe alors un point minimal $y \in A$ tel que $u=k_y$.

DÉMONSTRATION.- Nous distinguerons deux cas

a) $\overline{P}_{A\cap F'} u = 0$. Alors, d'après T17, u est le potentiel de Martin $K\mu$ d'une mesure portée par $A \cap E$, de masse égale à $\langle r,u \rangle = 1$. Comme u est extrémale, μ est portée par l'ensemble des $y \in A \cap E$ tels que k_y et u soient proportionnels . Mais comme $\langle r,k_y \rangle = \langle r,u \rangle = 1$ si $y \in E$, μ est en fait portée par l'ensemble des $y \in A \cap E$ tels que $k_y=u$. Cet ensemble n'est donc pas vide. Tout point de E étant minimal, l'énoncé est vérifié.

b) $\overline{P}_{A\cap F'} u \neq 0$. Alors $u=\overline{P}_{A\cap F'} u$ (T20), et il existe un point minimal $y \in A \cap F'$ tel que $u=k_y$ (T20). L'énoncé est encore vérifié.

Le résultat suivant est lié à T20 (où l'on avait $A \subset F'$).

T22 THÉORÈME.- Soit u une fonction harmonique extrémale normalisée, et soit A une partie borélienne de F telle que $\overline{P}_A u \neq u$. Alors $\overline{P}_A u$ est un potentiel . On a un résultat analogue pour $P_A u$ si $A \subset E$.

DÉMONSTRATION.- Traitons le cas de $P_A u$, qui est plus délicat. Supposons $P_A u \neq u$. Il existe un ensemble finement ouvert B contenant $A \setminus \{u=\infty\}$ tel que $P_B u \neq u$ (chap.I,T50), et il suffit de montrer (comme $\{u=\infty\}$ est polaire) que $P_B u$ est un potentiel. Ecrivons sa décomposition de Riesz $P_B u=h+p$; comme h harmonique est majorée par u extrémale on a $h=au$ $(0 \leq a \leq 1)$. Mais B est finement ouvert, donc $P_B P_B = P_B$, et

$$h+p = P_B P_B u = P_B h + P_B p = P_B(au)+P_B p = ah + (ap+P_B p)$$

donc h=ah (unicité de la décomposition de Riesz). Si $h \neq 0$, on a a=1, donc $u=h=P_B u$ contrairement à l'hypothèse. Donc h=0, c.q.f.d.

REPRÉSENTATION INTÉGRALE DE MARTIN : FORME FORTE

Pour établir T24, qui est le théorème fondamental sur la représentation de Martin, nous aurons besoin du lemme suivant de théorie de la mesure.

T23 LEMME.- Soient H et H' deux espaces compacts métrisables, s une application continue de H dans H', λ' une mesure bornée sur H'. Soit B une partie borélienne de H, telle que s(B) porte λ'. Il existe alors une mesure λ sur H, portée par B, telle que $s(\lambda)=\lambda'$.

Nous ne démontrerons pas ce lemme, qui figure sous une forme plus générale dans le chap.X (à paraître) de l'Intégration de BOURBAKI. On peut le prouver, par exemple, à partir d'un théorème de section , ou le déduire du théorème de capacitabilité.

T24 THÉORÈME.- L'ensemble F_m est borélien.

Soient u une fonction excessive telle que $L(1,u) < +\infty$, A une partie borélienne de F. $\overline{P}_A\mu$ admet alors une représentation de Martin $\overline{P}_A u=K\mu$ où μ est une mesure de masse $L(1,\overline{P}_A u)$, portée par l'ensemble des $y\in\overline{A}\cap F_m$ tels que $\overline{P}_A k_y=k_y$. Si $\overline{P}_{\overline{A}\cap F'}=0$, μ est portée par E (voir plus loin T24 bis, le cas des réduites harmoniques).

DÉMONSTRATION.- Soit $\underline{\underline{E}}$ le cône des fonctions excessives finies pp, muni de la topologie de L^1_{loc} , et soit $\underline{\underline{C}}$ le chapeau de $\underline{\underline{E}}$ constitué par les fonctions excessives v telles que $L(1,v)\leq 1$ (chap.II, T14). Soit $\underline{\underline{C}}_e$ l'ensemble des points extrémaux $\neq 0$ de l'ensemble convexe compact métrisable $\underline{\underline{C}}$; on sait que $\underline{\underline{C}}_e$ est une intersection dénombrable d'ouverts de $\underline{\underline{C}}$ (XI.T24), et que $\underline{\underline{C}}_e$ est constitué par les fonctions excessives extrémales normalisées (XI.37). Nous noterons k l'application $y\mapsto k_y$ de F dans $\underline{\underline{C}}$, qui est continue (chap.II, T18).

Montrons que F_m est borélien. Soit $J=\{y\in F : \overline{P}_{\{y\}}k_y=k_y\}$, montrons d'abord que J est borélien dans F. Soit (G_n) une base dénombrable de la topologie de F, soit (f_m) une suite dense dans $\underline{\underline{C}}_c(E)$, et soit

$$J_{nm} = G_n\cap\{ y : \int f_m(x)P_{G_n\cap E}k_y(x)\eta(dx) = \int f_m(x)k_y(x)\eta(dx)\}$$

On vérifie facilement que J_{nm} est borélien, et que $J=\bigcap_m\bigcup_n J_{nm}$. D'autre part, $F_m = J\cap F_e = J\cap k^{-1}(\underline{\underline{C}}_e)$; il en résulte que F_m est borélien.

(*) Si A est contenue dans E, la fonction excessive $v = P_A u$ (réduite ordinaire) satisfait à $\overline{P}_A v=v$ d'après l'hypothèse (B) (chap.III,T17), et on obtient donc une représentation intégrale de $P_A u$ en appliquant T24 à v ; si $\overline{A}\subset E$, ou si u est un potentiel , on retrouve le th.9 du chap.III.

Passons au théorème de représentation. Posons $\overline{A}=L$, et $\overline{P}_A u=v$; d'après le théorème de représentation de CHOQUET , v est barycentre d'une mesure ν sur $\underline{\underline{C}}_e$, de masse égale à $L(1,v)$ [pour vérifier ce dernier point, qui ne figure pas explicitement dans l'énoncé du th. de CHOQUET, se reporter à XI.37 et remarquer que, si $L(1,v)=1$, v appartient à la "base" du chapeau, donc est barycentre d'une mesure de masse 1 sur $\underline{\underline{C}}_e$]. Désignons par R_L l'ensemble des $g\epsilon\underline{\underline{C}}_e$ tels que $\overline{P}_L g=g$, ou encore tels que $< f_m,\overline{P}_L g >_\eta = < f_m,g>_\eta$ pour tout m ; il résulte aussitôt de T14 que R_L est borélien dans $\underline{\underline{C}}$, et la relation $\overline{P}_L v=v$ entraîne que ν est portée par R_L. Il résulte alors de T21 que $k(\overline{A}\cap F_m)$ contient R_L , et donc porte ν , et T23 entraîne l'existence d'une mesure μ portée par $\overline{A}\cap F_m$ telle que $k(\mu)=\nu$. Cela implique en particulier que l'on a pour $f\epsilon\underline{\underline{C}}_c(E)$

$$<f,K\mu>_\eta = \int_F <f,k_y>_\eta \ \mu(dy) = \int_{\underline{\underline{C}}_e} < f,g>_\eta \ \nu(dg) = < f,v >_\eta$$

donc $K\mu=v$. Notons ensuite que $\overline{P}_A v = v$; l'ensemble des $y\epsilon\overline{A}\cap F_m$ tels que $\overline{P}_A k_y = k_y$ (ou $<f_m,\overline{P}_A k_y>_\eta=<f_m,k_y>_\eta$ pour tout m) est universellement mesurable d'après T14bis, et porte μ d'après ce même théorème et la relation $\overline{P}_A K\mu=K\mu$.

Supposons ensuite que μ charge $\overline{A}\cap F'$ - donc aussi l'ensemble $\overline{A}\cap F'_m$, que nous noterons M. Soit μ' la mesure $I_M.\mu$; comme $L(1,k_y)=1$ pour tout $y\epsilon F_m$, on a $L(1,K\mu')= \int L(1,k_y)\mu'(dy) = |\mu'|$ (chap.II, n°13, f)), donc $K\mu'\neq 0$. D'autre part on a $\overline{P}_M K\mu' = \int_M \overline{P}_M k_y \ \mu'(dy) \geq \int_M \overline{P}_{\{y\}} k_y \ \mu'(dy)= \int_M k_y\mu'(dy) = K\mu'$, donc $\overline{P}_M K\mu'=K\mu'\neq 0$, et finalement il vient $\overline{P}_{\overline{A}\cap F'} u \neq 0$. Il en résulte que $\overline{P}_{\overline{A}\cap F'} u = 0 \Rightarrow \mu(\overline{A}\cap F')=0$, donc $\mu(F')=0$ puisque μ est portée par $\overline{A}$.

T24 bis THÉORÈME.- <u>Les notations étant les mêmes que pour</u> T24, <u>supposons de plus que</u> $A\epsilon E_H\cup F'$. <u>Alors</u> $\overline{P}_A u$ <u>est harmonique, et il existe une mesure</u> ν <u>de masse</u> $L(1,\overline{P}_A u)$, <u>portée par</u> $A\cap F_m$, <u>telle que</u> $u=K\nu$. <u>De plus, si</u> u <u>est harmonique, on a</u> $\overline{P}_{E_H\cup F'_m} u = u$.

DÉMONSTRATION.- Considérons la représentation $u=K\mu$ de la fonction excessive u donnée par T24 (prendre $A=F$) ; μ est portée par F_m, et nous avons d'après T14

$$\overline{P}_A u = \overline{P}_A K\mu = \int \overline{P}_A k_y \ \mu(dy)$$

Comme $A\subset E_H\cup F'$, $\overline{P}_A k_y = k_y$ ou $\overline{P}_A k_y =0$ (T20). Dans les deux cas, cette fonction est harmonique, donc $\overline{P}_A u$ est harmonique. Si u est harmonique, μ est portée par $E_H \cup F'_m$; appliquons la formule précédente avec $A=E_H \cup F'_m$, il vient que $\overline{P}_A u=u$. Enfin, pour construire une mesure ν portée par $A \cap F_m$ telle que $u=K\nu$, on choisit une suite croissante de compacts $K_n \subset A$ telle que $\overline{P}_{K_n} u$ tende vers $\overline{P}_A u$, et on raisonne comme dans la partie 5) de la démonstration de T16, p.85.

Voici enfin un corollaire évident de T24 :

T25 THÉORÈME.- Soit $y \in F$. Les propriétés suivantes sont équivalentes

1) $y \in F_m$.

2) $\overline{P}_{\{y\}} k_y \neq 0$.

3) Il existe une fonction excessive u telle que $L(1,u)<\infty$ et que $\overline{P}_{\{y\}} u \neq 0$.

DÉMONSTRATION. - Il est clair que 1)=>2)=>3). Inversement, 3)=>1), car $\overline{P}_{\{y\}} u$ est potentiel d'une mesure $\mu \neq 0$ portée par $\{y\} \cap F_m$ (T24).

§ 4 . Quelques résultats d'unicité .

Nous allons donner dans ce paragraphe des conditions suffisantes pour qu'une fonction excessive u telle que $L(1,u)<\infty$ soit potentiel de Martin d'une mesure unique μ portée par F_m. Voici d'abord un résultat évident.

T26 THÉORÈME.- Si $u=K\mu$ satisfait à $\overline{P}_F u=0$ (en particulier, si u est un potentiel), et si μ est portée par F_m , μ est portée par E, et μ est la seule mesure sur F telle que $u=K\mu$.

DÉMONSTRATION.- T24 entraîne que μ est portée par E ; on applique alors le th.1 du chapitre III.

T27 LEMME.- Supposons que les relations $y\in F_m$, $z\in F_m$, $k_y=k_z$ entraînent $y=z$. Alors toute fonction excessive u telle que $L(1,u)<\infty$ est potentiel de Martin d'une mesure unique portée par F_m .

DÉMONSTRATION.-L'application continue $k : y \longmapsto k_y$ est une bijection de F_m sur l'ensemble $\underline{\underline{C}}_e$ des fonctions excessives extrémales normalisées . Soient μ et μ' deux mesures distinctes sur F portées par F_m ; il existe alors un compact L de F_m tel que $\mu(L)\neq\mu'(L)$. Posons $k(\mu)=\nu$, $k(\mu')=\nu'$, $k(L)=M$; M est un compact de $\underline{\underline{C}}_e$ et on a $\nu(M)\neq\nu'(M)$, donc ν et ν' sont distinctes. D'autre part, le cône $\underline{\underline{E}}$ des fonctions excessives v finies pp est réticulé (XV.T57) : d'après le théorème d'unicité de CHOQUET , deux mesures distinctes portées par $\underline{\underline{C}}_e$ ne peuvent avoir le même barycentre , et en remontant sur F_m on en déduit que $K\mu\neq K\mu'$.

Le théorème suivant s'applique en particulier à l'espace de Martin économique F^e (n°7), qui est tout entier séparé par les fonctions $f\hat{K}$, $f\in\underline{\underline{C}}_c(E)$.

T28 THÉORÈME.- Supposons que les fonctions $f\hat{K}$ $(f\in\underline{\underline{C}}_c(E))$ séparent les points de F_m. Alors toute fonction excessive u telle que $L(1,u)<\infty$ est potentiel de Martin d'une mesure unique portée par F_m.

DÉMONSTRATION.- $y\in F_m$, $z\in F_m$, $k_z=k_y \Rightarrow f\hat{K}^y = f\hat{K}^z$ pour $f\in\underline{\underline{C}}_c(E)$, donc $y = z$. On applique alors T27.

REMARQUE.- Considérons l'espace de Martin F° du n°8. Toute fonction harmonique u telle que $L(1,u)<\infty$ satisfait à $\overline{P}_{F^o}u=u$, et donc est potentiel d'une mesure μ portée par F^o_m . D'autre part, les fonctions de la forme f ou $f\hat{K}$ $(f\in\underline{\underline{C}}_c(E))$ séparent F°, celles du premier type sont nulles sur $F^{\circ\prime}$, donc les fonctions de la forme $f\hat{K}$ séparent $F^{\circ\prime}$. Un raisonnement tout analogue aux précédents montre alors qu'une fonction <u>harmonique</u> u est potentiel de Martin d'une mesure <u>unique</u> portée par $F_m^{\circ\prime}$. Cependant, si $E_H \neq \emptyset$, soit $x \in E_H$; on a $\bar{P}_{F^{\circ\prime}} k_x = k_x$ puisque k_x est harmonique , et il existe $y \in F_m^{\circ\prime}$ tel que $k_y = k_x$ du fait que k_x est extrémale normalisée. On a donc $K\varepsilon_y = K\varepsilon_x$ et $\varepsilon_y \neq \varepsilon_x$. C'est là un trait pathologique de l'espace de Martin usuel F°, que ne présente pas l'espace F^e.

Nous verrons au chap.V (T19) que <u>si les fonctions</u> $g \in \underline{C}(F)$ <u>telles que</u> $g|E$ <u>soit cosurmédiane séparent</u> F , <u>toute fonction excessive</u> u <u>telle que</u> $L(1,u) < \infty$ <u>est potentiel de Martin d'une mesure unique portée par</u> F_m.

CHAPITRE V. PROCESSUS SUR UN COMPACTIFIÉ DE MARTIN.

§ 1. Comportement à l'infini des u - processus .

NOTATIONS.- Nous gardons les notations du chapitre IV : sauf mention explicite du contraire, F est un espace de Martin général. Les notations relatives aux u-processus sont celles du chap.I, § 4 .

LIMITES DES u-PROCESSUS : RÉSULTATS AUXILIAIRES

Nous commençons par un théorème de mesurabilité, qui permet d'étudier le comportement à l'infini des trajectoires d'un processus continu à droite.

1 Désignons par Ω l'ensemble des applications $\omega : t \mapsto \omega(t)$ de $\mathbb{R}_+$ dans $F \cup \{\partial\}$, continues à droite, admettant une durée de vie $\zeta(\omega)$, admettant une limite à gauche en tout point de $]0,\zeta(\omega)[$. Nous introduirons comme d'habitude les coordonnées X_t sur Ω, et la tribu $\underline{\underline{F}}^\circ$ engendrée par les X_t, $t \in \mathbb{R}_+$.

Introduisons pour tout $\omega \in \Omega$ l'ensemble suivant, qui est compact dans F :

$J(\omega)$ = ensemble des valeurs d'adhérence de ω à l'instant $\zeta(\omega)$, du côté gauche .

Cette définition n'a de sens que si $\zeta(\omega)>0$; si $\zeta(\omega)=0$, nous poserons $J(\omega)=\emptyset$. Soit maintenant A une partie quelconque de F ; nous poserons

$$L(A) = \{ \omega : J(\omega) \cap A \neq \emptyset \}$$

Nous avons alors le résultat suivant :

T2 THÉORÈME.- a) Si (A_n) est une suite croissante de parties de F, et si $A = \bigcup_n A_n$, on a $L(A) = \bigcup_n L(A_n)$.

b) Si (K_n) est une suite décroissante de compacts de F, et si $K = \bigcap_n K_n$, on a $L(K) = \bigcap_n L(K_n)$.

c) Soit $\underset{\sim}{P}$ une loi de probabilité sur $(\Omega, \underline{\underline{F}}^\circ)$, et soit $\underline{\underline{F}}^{\underset{\sim}{P}}$ la tribu complétée de $\underline{\underline{F}}^\circ$ pour $\underset{\sim}{P}$. Si A est une partie borélienne de F, on a $L(A) \in \underline{\underline{F}}^{\underset{\sim}{P}}$, et $\underset{\sim}{P}(L(A)) = \sup_K \underset{\sim}{P}(L(K))$, K parcourant l'ensemble des compacts contenus dans A.

DÉMONSTRATION.- Les assertions a) et b) sont évidentes. Montrons que $L(K) \in \underline{\underline{F}}^{\underset{\sim}{P}}$. Introduisons les variables aléatoires (qui ne sont pas des temps d'arrêt !) $\zeta_n = (\zeta - \frac{1}{n})^+$, et une suite décroissante (U_m)

d'ouverts, telle que $\bigcap_m U_m = K$. Alors

$$L(K) = \{ \omega : \forall m, \forall n, \exists t \text{ rationnel} > \zeta_n(\omega) \text{ tel que } X_t(\omega) \in U_m \}$$

Donc $L(K) \in \underline{\underline{F}}^\circ$. Introduisons alors la probabilité extérieure $\underset{\sim}{P}^*$ associée à $\underset{\sim}{P}$, et posons $c(A)=\underset{\sim}{P}^*(L(A))$ pour tout $A \subset F$; les propriétés a) et b) expriment que c est une capacité de CHOQUET, et c) résulte alors du théorème de capacitabilité.

3 Voici maintenant des notations relatives aux u-processus : u désigne une fonction excessive telle que $L(1,u)<\infty$, donc finie quasi-partout ; $E_u = \{0<u<\infty\}$ comme d'habitude, et F_u désigne l'adhérence de E_u dans F . D'après le th.24 du chap.IV, et la relation $P_{E_u} u = u$ (vérifiée sur E_u , qui est finement ouvert, et sur $\{u=0\}$, donc quasi-partout, donc partout) , u est le potentiel de Martin d'une mesure Θ portée par $F_u \cap F_m$. Rappelons (chap.I, n°25) que les trajectoires d'un u-processus dont la loi initiale est portée par E_u , ou leurs limites à gauche avant ζ , ne rencontrent pas $F \setminus E_u$. Le problème du comportement à l'infini peut donc être étudié sur F_u seulement.

Nous noterons $P_t^{(y)}$, $U_p^{(y)}$, $\underset{\sim}{P}^{\mu/y}$... les quantités $P_t^{(v)}$, $U_p^{(v)}$, $\underset{\sim}{P}^{\mu/v}$ relatives à la fonction excessive $v=k_y$ $(y \in F_m)$.

Le lemme suivant est très utile .

T4 THÉORÈME.- <u>Soit ϕ une variable aléatoire universellement mesurable sur Ω, positive ou bornée. Alors la fonction $y \mapsto \underset{\sim}{E}^{x/y}[\phi]$ est Θ-mesurable sur $F_u \cap F_m$ pour tout $x \in E_u$, et on a</u>

$$u(x)\underset{\sim}{E}^{x/u}[\phi] = \int k(x,y)\underset{\sim}{E}^{x/y}[\phi]\Theta(dy)$$

DEMONSTRATION.- Il suffit de traiter le cas où ϕ est bornée, puis, par le procédé habituel d'encadrement, le cas où ϕ est $\underline{\underline{F}}^\circ$-mesurable bornée. On se ramène alors , par le théorème des classes monotones, aux cas suivants

$\phi = 1$

$\phi = f_1 \circ X_{t_1} \dots f_n \circ X_{t_n}$ $\quad t_1<t_2\dots<t_n$

$f_1 \dots f_n$ boréliennes bornées sur $E \cup \{\partial\}$, nulles en ∂ .

Dans le premier cas, la formule se réduit à $u(x)=\int k(x,y)\Theta(dy)$. Dans le second cas, à

$$\underset{\sim}{E}^x[f_1 \circ X_{t_1} \dots f_n \circ X_{t_n} u \circ X_{t_n}] = \int \Theta(dy)\underset{\sim}{E}^x[f_1 \circ X_{t_1} \dots f_n \circ X_{t_n} u \circ X_{t_n}]$$

(noter que $x \in E_u$ entraîne $x \in E_{k_y}$ pour Θ-presque tout y). Cette dernière formule est évidente.

Un second lemme facile :

T5 THÉORÈME.- Supposons que u soit purement excessive . On a alors pour tout $x \in E_u$ $\underset{\sim}{P}^{x/u}\{\zeta<\infty\} = 1$.

DÉMONSTRATION.- Soit $v=\lim_{t\to\infty} P_t u$. Notons que pour toute fonction positive décroissante g sur $\mathbb{R}_+$, intégrable au voisinage de 0, on a $\lim_{p\to 0} \int pe^{-pt}g(t)dt = \lim_{t\to\infty} g(t)$; ici, cela nous donne $v=\lim_{p\to 0} pU_p u$ en tout point où $u<\infty$. Or u est purement excessive ; d'après le th.8 du chap.I, la seconde limite est nulle sur E_u, donc v=0 sur E_u.

Soit $x \in E_u$: on a d'après ce qui précède

$$\underset{\sim}{P}^{x/u}\{\zeta=\infty\} = \lim_{t\to\infty} \underset{\sim}{P}^{x/u}\{\zeta>t\} = \lim_{t\to\infty} P_t^{(u)}(x,1) = \lim_{t\to\infty} \frac{P_t u^x}{u(x)} = \frac{v(x)}{u(x)} = 0.$$

Enfin, voici le lemme crucial pour la démonstration du théorème sur le comportement à l'infini des u-processus.

T6 THÉORÈME.- Soient u un potentiel tel que $L(1,u)<\infty$, et soient A et B deux ouverts de E tels que $\overline{A} \cap \overline{B} = \emptyset$ (adhérences prises dans E). Alors

$$\lim_{n\to\infty} (P_B P_A)^n u = 0 \quad \text{partout sur } \{u<\infty\} .$$

DÉMONSTRATION.- Posons $u_o=u$, $u_1=P_A u$, $u_2=P_B P_A u$, $u_3=P_A P_B P_A u$, et ainsi de suite. La suite (u_n) de fonctions excessives est décroissante, désignons par v sa limite, par v' la régularisée excessive de v. D'après le th.9 du chap.III, u_{2m} est potentiel de Green d'une mesure μ_{2m} portée par $\overline{B}$, donc v' est potentiel d'une mesure portée par $\overline{B}$ (chap.III, T8) ; de même, en raisonnant sur les u_{2m+1}, on voit que v' est potentiel d'une mesure portée par $\overline{A}$. Il en résulte que v'=0 (chap.III, T1). D'autre part, u_{2m} est harmonique dans $\overline{B}^c$ (chap.I, n°13) ; v est donc plate en tout point de $\overline{B}^c$ où u est finie : donc v=v' dans $\overline{B}^c \cap \{u<\infty\}$ (chap.I, T11) ; de même, v=v' dans $\overline{A}^c \cap \{u<\infty\}$, et le théorème est établi.

COMPORTEMENT À L'INFINI : CAS DES FONCTIONS EXTRÉMALES

Voici le principal théorème de KUNITA-WATANABE sur ce sujet.

T7 THÉORÈME.- Soit u une fonction excessive extrémale normalisée, et soit $R_u = \{y \in F_m : k_y=u\}$. Pour tout $x \in E_u$, on a $\underset{\sim}{P}^{x/u}$-p.s. $J(\omega)=\overline{R}_u$.

DÉMONSTRATION.- Fixons un point $z \in R_u$.

1) Montrons que l'on a $\underset{\sim}{P}^{x/u}$-p.s. $J(\omega) \subset \overline{R}_u$

Soit (K_n) une suite de compacts contenus dans $\overline{R}_u^c$, et dont la réunion est $\overline{R}_u^c$. Nous allons montrer que $\underset{\sim}{P}^{x/u}(L(K_n))=0$ pour tout n (notations du n°1), et cela suffira à entraîner 1). Nous omettrons l'indice n . Désignons par A' un voisinage ouvert de z, par B' un voisinage ouvert de K tel que $\overline{A'} \cap \overline{B'} = \emptyset$, et tel aussi que $\overline{P}_{B'}u \neq u$ — pour voir qu'un tel B' existe, noter que $\overline{P}_K u \neq u$, car $\overline{P}_K u$ est potentiel de Martin d'une mesure portée par $K \cap F_m$. Il résulte alors du th.22 du chap.III que $\overline{P}_{B'}u$ est un potentiel. Posons $A=A' \cap E$, $B=B' \cap E$, et

$$T_1=T_B \ , \ T_2=T_1+ T_A \circ \theta_{T_1} \ , \ T_3=T_2+T_B \circ \theta_{T_2} \ \ldots$$

et ainsi de suite en alternant A et B . Comme A' est un voisinage de $z \in F_m$, et $u=k_z$, on a $P_A u=u$; cela s'écrit aussi $P_A^{(u)}1 = 1$ sur E_u. Cette relation signifie que, pour toute loi initiale μ portée par E_u on a $\underset{\sim}{P}^{\mu/u}$-p.s. $T_A<\zeta$. Appliquons la propriété de Markov forte : pour tout temps d'arrêt T, on a $\underset{\sim}{P}^{\mu/u}$-p.s. $T+T_A \circ \theta_T < \zeta$ sur $\{T<\zeta\}$. On en déduit aisément, par récurrence , que l'on a p.s. $T_n<\zeta$ sur L(K). Or on a si $x \in E_u$

$$\underset{\sim}{P}^{x/u}\{T_{2n+1}<\zeta\} = \frac{1}{u(x)}\underset{\sim}{E}^x[u \circ X_{T_{2n+1}}] = \frac{1}{u(x)} (P_B P_A)^n P_B u^x$$

qui tend vers 0 lorsque $n \to \infty$ d'après le th.6, puisque $P_B u$ est un potentiel. Ceci n'est compatible avec le fait que $T_n<\zeta$ p.s. sur L(K) que si $\underset{\sim}{P}^{x/u}(L(K))=0$, ce que l'on voulait démontrer.

2) Si R_u est réduit à z, la démonstration est achevée : en effet, $J(\omega)$ est (p.s.) un compact non vide, donc $J(\omega) \subset \{z\} \Rightarrow J(\omega)=\{z\}=R_u$.

3) Supposons donc que R_u ne soit pas réduit à z, et choisissons un $y \in R_u$ distinct de z ; nous allons montrer que l'on a p.s. $y \in J(\omega)$. En appliquant ce résultat à des $y_n \in R_u$ qui forment une suite dense dans $R_u \setminus \{z\}$, et en notant que $z \in J(\omega)$ par symétrie, on en déduit que $J(\omega)= \overline{R}_u$ p.s. .

Soient A' un voisinage ouvert de z dans F, ne contenant pas y, et (B'_n) une suite fondamentale de voisinages ouverts de y tels que $\overline{B'_n} \cap \overline{A'} = \emptyset$. Il nous suffit de montrer que $J(\omega) \cap \overline{B_n} = \emptyset$ $\underset{\sim}{P}^{x/u}$-p.s. pour tout n.

Posons $A=A'\cap E$, $B=B_n'\cap E$, et définissons les temps d'arrêt T_k comme plus haut. Comme B_n' est un voisinage de $y\in R_u$, nous avons $\overline{P}_{B_n'}u=u$, et donc

$$\underset{\sim}{P}^{x/u}\{T_{2k+1}<\zeta\} = \frac{1}{u(x)}\,(P_BP_A)^kP_Bu = 1$$

Autrement dit, les T_{2k+1} sont p.s. $<\zeta$; soit T leur limite. Comme on a $X_{T_{2k+1}}\in\overline{B}$, $X_{T_{2k}}\in\overline{A}$, il n'y a pas de limite à gauche à l'instant T, donc $T=\zeta$ p.s. Comme les T_{2k+1} sont tous distincts, on a p.s. $J(\omega)\cap\overline{B}\neq\emptyset$, et la démonstration est finie.

Le corollaire suivant s'applique en particulier au cas où F est l'espace de Martin économique F^e du chap.IV , n°7 (chap.IV,T28) (*)

T8 THÉORÈME.- *Supposons que* u *soit une fonction excessive extrémale normalisée, et qu'il existe un seul point* $y\in F_m$ *tel que* $u=k_y$. *Alors, pour tout* $x\in E_u$, *la limite* $X_{\zeta-}$ *existe et est égale à* y $\underset{\sim}{P}^{x/u}$*-p.s.* .

LIMITES DES u-PROCESSUS : CAS GÉNÉRAL

Le théorème suivant (qui s'applique en particulier à F^e) donne une démonstration probabiliste du th. d'unicité (chap.IV, T27).

T9 THÉORÈME.- *Supposons que l'espace de Martin* F *satisfasse à la condition d'unicité* :

pour toute fonction excessive extrémale normalisée v, *il existe un seul* $y\in F_m$ *tel que* $k_y=v$.

a) *Soit alors* u *une fonction excessive telle que* $L(1,u)=1$, *et soit* Θ *une mesure portée par* F_m *telle que* $u=K\Theta$. *Soit* μ *une loi initiale portée par* E_u ; *alors la limite à gauche* $X_{\zeta-}$ *existe* $\underset{\sim}{P}^{\mu/u}$*-p.s. et on a*

$$\underset{\sim}{P}^{\mu/u}\{X_{\zeta-}\in A\} = \int_{E_u}\mu(dx)\,\frac{1}{u(x)}\int k(x,y)I_A(y)\Theta(dy) \quad (*)$$

b) Θ *est l'unique mesure portée par* F_m *telle que* $u=K\Theta$.

DÉMONSTRATION.- Soit H l'ensemble des $\omega\in\Omega$ tels que $X_{\zeta-}(\omega)$ n'existe pas. Choisissons une base dénombrable (G_n) de la topologie de F, et désignons par S l'ensemble des couples (n,m) tels que $G_n\cap G_m=\emptyset$; H est la réunion, pour $(n,m)\in S$, des ensembles $L(G_n)\cap L(G_m)$, et il en résulte que H est universellement mesurable. T4 nous donne alors pour $x\in E_u$

(*) Voir appendice, p.122.

$$u(x)\underset{\sim}{P}^{x/u}(H) = \int_{N_x} k(x,y)\underset{\sim}{P}^{x/y}(H)\Theta(dy) \qquad (N_x = \{y : 0 < k(x,y) < \infty\})$$

Comme Θ est portée par F_m, cette intégrale est nulle d'après T8. De même

$$u(x)\underset{\sim}{P}^{x/u}\{X_{\zeta-} \in A\} = \int_{N_x} k(x,y)\underset{\sim}{P}^{x/y}\{X_{\zeta-} \in A\}\Theta(dy)$$
$$= \int_{N_x} k(x,y)I_A(y)\Theta(dy)$$

d'après T8 ; comme Θ est portée par $\{y : k(x,y) < \infty\}$ puisque $u(x) < \infty$, et comme l'intégrale analogue sur $\{y : k(x,y) = 0\}$ est nulle, on peut supprimer N_x de la dernière intégrale. D'où a) en intégrant par rapport à $\mu(dx)$. Pour établir b), choisissons une suite (f_n) de fonctions positives telles que $f_n\hat{U}$ tende en croissant vers 1 sur E, et soit $\mu_n = f_n u.\eta$. On a $\underset{\sim}{P}^{\mu_n/u}\{X_{\zeta-} \in A\} = \int_{E_u} \eta(dx)f_n(x)\int k(x,y)I_A(y)\Theta(dy) = \langle f_n\hat{K}, I_A\Theta\rangle$, car l'intégrale analogue étendue à $E \setminus E_u$ est nulle. Lorsque $n \to \infty$, on obtient $\Theta(A) = \lim_n \underset{\sim}{P}^{\mu_n/u}\{X_{\zeta-} \in A\}$, d'où b).

On obtient un énoncé plus frappant si l'on se borne au cas des fonctions <u>harmoniques</u> .

T10 THÉORÈME.- <u>Hypothèses et notations étant celles de</u> T9, <u>supposons de plus que</u> u <u>soit harmonique</u>. <u>On a alors, pour toute partie borélienne</u> A <u>de</u> $E_H \cup F'$

$$\overline{P}_A u = K(I_A.\Theta) \quad \underline{\text{et}} \quad \Theta(A) = L(1, \overline{P}_A u) .$$

<u>On a pour tout</u> $x \in E_u$

$$\overline{P}_A u^x = u(x)\underset{\sim}{P}^{x/u}\{X_{\zeta-} \in A\} .$$

DÉMONSTRATION.- La fonction u étant harmonique, Θ est portée par $E_H \cup F'_m$. D'autre part, il résulte aussitôt de T20, chap.IV et de l'hypothèse d'unicité que $\overline{P}_A k_y = I_A(y)k_y$ si $A \subset E_H \cup F'$, $y \in E_H \cup F'_m$. Par conséquent, en appliquant le th.14 bis du chap.IV, il vient

$$\overline{P}_A u = \overline{P}_A K\Theta = \int k_y I_A(y)\Theta(dy) = K(I_A.\Theta)$$

D'où la première égalité. Pour obtenir la seconde, on applique L(1,.) aux deux membres de la première :

$$\Theta(A) = |I_A.\Theta| = L(1, \overline{P}_A u) .$$

Enfin, appliquons T9 en prenant $\mu = \varepsilon_x$, nous obtenons

$$\underset{\sim}{P}^{x/u}\{X_{\zeta-} \in A\} = \frac{1}{u(x)} \int k(x,y)I_A(y)\Theta(dy)$$

et le second membre vaut $\overline{P}_A u(x)/u(x)$ d'après la première égalité.

§ 2 . Coprocessus sur un espace de Martin.

11 Nous avons signalé au n°5 du chap.IV (p.74) que les espaces de Martin ne satisfont pas nécessairement à la seconde des hypothèses du chap.I, n°26 (p.23) relativement à la corésolvante $(\hat{U}_p)$ sur E. Nous allons supposer dans ce paragraphe que cette seconde hypothèse est satisfaite :

> *Le cône $\underline{\underline{S}}$ des fonctions $g \in \underline{C}(F)$ telles que $g|E$ soit cosurmédiane sépare l'espace de Martin* F.

La théorie développée ci-dessous s'applique donc à l'espace de Martin économique F^e (chap.IV, n°7) mais non à l'espace de Martin usuel F° (chap.IV, n°8).

12 En appliquant les résultats du chap.I, n°5, nous savons alors construire (outre le conoyau $\hat{U}$ sur F, que nous connaissons déjà) :
- une résolvante $(\hat{U}_p)$ sur F, coïncidant sur E avec la (co)résolvante $(\hat{U}_p)$ donnée, pour laquelle $F \setminus E$ est un ensemble de (co)potentiel nul, et satisfaisant à

$$\hat{U}_p = \hat{U} - p\hat{U}_p\hat{U} \qquad (p>0)$$

l'opérateur terminal $\lim_{p\to 0} \hat{U}_p$ n'est pas nécessairement égal à $\hat{U}$: nous le noterons $\hat{L}$ (chap.I, n^{os}29,30).
- L'ensemble $\hat{D}$ des points $y \in F$ tels que $p\hat{U}_p\varepsilon_y \to \varepsilon_y$ vaguement $(p\to\infty)$
- Un bon semi-groupe $(\hat{P}_t)_{t\geq 0}$ admettant $(\hat{U}_p)$ comme résolvante (chap.I, T33).
- De bons processus de Markov admettant $(\hat{P}_t)$ comme semi-groupe de transition (chap.I,T34 et n°49).

Nous dirons qu'une fonction g sur F est cosurmédiane (coexcessive) si elle est surmédiane (excessive) par rapport à $(\hat{U}_p)$. Il vaut mieux ne pas noter par un chapeau la régularisée coexcessive d'une fonction cosurmédiane g : nous la noterons $\underline{g}$.

T13 LEMME.- *Soit u une fonction excessive finie pp. Les résolvantes $(U_p^{(u)})$ et $(\hat{U}_p)$ sont alors en dualité par rapport à la mesure* $u.\eta$. *De même, si v est une fonction cosurmédiane sur F finie pp, (U_p) et $(\hat{U}_p^{(v)})$ sont en dualité par rapport à* $v.\eta$.

DÉMONSTRATION.- Nous prouverons seulement la première assertion : la seconde se démontre de même , à un changement de notation près. Nous négligerons entièrement l'ensemble de potentiel nul $\{u=\infty\}$, et nous désignerons par M l'ensemble $\{u=0\}$. Rappelons que l'on a, si f et g sont deux fonctions universellement mesurables positives sur E

$$< g, U_p f >_\eta \;=\; < g\hat{U}_p, f >_\eta \;.$$

Nous avons alors, comme $u.U_p^{(u)}f = I_M.U(uf)$

$$< g, U_p^{(u)} f >_{u.\eta} = < g, I_M U_p(uf) >_\eta \;=\; < (gI_M)\hat{U}_p,\; uf >_\eta$$

Supposons f comprise entre 0 et 1. Nous avons

$$< (gI_{M^c})\hat{U}_p,\; uf >_\eta \leqq < (gI_{M^c})\hat{U}_p \;,\; u >_\eta = < gI_{M^c} \;,\; U_p u >_\eta \leqq \frac{1}{p} < g, I_{M^c} u >_\eta = 0$$

On peut donc supprimer I_M dans le dernier < , > de la ligne précédente, et il vient

$$< g,\; U_p^{(u)} f >_{u.\eta} = < g\hat{U}_p,\; uf >_\eta = < g\hat{U}_p, f >_{u.\eta}$$

Le lemme est établi. Supposons en particulier que v soit un copotentiel de Martin $\mu\hat{K}$: $v\eta$ est alors la mesure excessive μU.

14 Conservons les mêmes notations. Posons $U'_p = U_p^{(u)}$, $\eta' = u\eta$: le lemme entraîne que (U'_p) et $(\hat{U}_p)$ sont en dualité par rapport à η' ; en l'appliquant à nouveau, il vient que (U'_p) et $(U_p^{(v)})$ sont en dualité par rapport à $v\eta'$. Autrement dit

$(U_p^{(u)})$ <u>et</u> $(\hat{U}_p^{(v)})$ <u>sont en dualité par rapport à</u> $uv.\eta$

Supposons en particulier que v soit un copotentiel de fonction $f\hat{U}$; $v\eta' = uv.\eta$ est alors la mesure $(fu.\eta)U^{(u)}$. Nous ferons la vérification seulement dans le cas où $u>0$ partout sur E. Alors, si g est $\geqq 0$ sur E

$$< (fu.\eta)U^{(u)}, g > = < fu.\eta,\; U^{(u)}g > = < fu,\; \frac{1}{u}U(ug) >_\eta = < f, U(ug) >_\eta$$
$$= < f\hat{U},\; ug >_\eta = < uv.\eta, g >$$

Bien entendu, la dualité qu'on vient d'établir sur E coïncide avec la définition de la p.40 (dernière ligne).

ÉTUDE DES COPROCESSUS

Nous commençons par un lemme, qui est une extension du th.49 du chap.I .

T15 THÉORÈME.- Soit v une fonction continue sur F, cosurmédiane par rapport à $(\hat{U}_p)$. Posons $F_v=\{v>0\}$, et $E_v= E\cap\{v>0\}$(*) . Soit $(\hat{X}_t)_{t>0}$ un processus de Markov à valeurs dans F, admettant $(\hat{P}_t^{(v)})$ comme semi-groupe de transition et $(\lambda_t)_{t>0}$ comme loi d'entrée. Supposons que $\hat{X}_{0+}$ existe et appartienne à F_v p.s., et soit λ sa loi sur F_v. Alors $\lambda_t= \hat{P}_t^{(v)}\lambda$ pour tout $t>0$.

DÉMONSTRATION.- Posons $\hat{V}=\hat{U}^{(v)}$, $\hat{V}_p=\hat{U}_p^{(v)}$, $\hat{Q}_t = \hat{P}_t^{(v)}$. Remarquons que

1) Les mesures $\hat{V}(dx,y)$ sont portées par E_v, qui est ouvert dans E.

2) $\hat{V}_p= \hat{V} - p\hat{V}_p\hat{V}$

3) Si $f\in \underline{\underline{C}}_c^+(E_v)$, $f\hat{V} = \frac{(fv)\hat{U}}{v}$ est continue en tout point de F_v , et bornée sur F_v (elle est en effet bornée sur le support compact de f, donc partout).

Montrons d'abord que $\hat{V}\lambda = \int_0^\infty \lambda_t dt$: les deux membres étant des mesures portées par E_v, et le premier membre étant une mesure de Radon sur E_v (car $< f,\hat{V}\lambda > = < f\hat{V}, \lambda > < \infty$ si $f\in\underline{\underline{C}}_c^+(E_v)$, puisque $f\hat{V}$ est bornée), il nous suffit de montrer que $< f,\hat{V}\lambda > = \int_0^\infty < f,\lambda_t > dt$. Mais $f\hat{V}$ étant continue bornée sur F_v , on a $< f,\hat{V}\lambda > = < f\hat{V},\lambda > = \lim_{s\to 0} < f\hat{V}, \lambda_s>$ $= \lim_s < f, \hat{V}\lambda_s > = \lim_s < f,\int_0^\infty \lambda_{s+u} du >$ du fait que λ_s est portée par E_v pour presque tout s , et donc que $\hat{V}\lambda_s = \int_0^\infty \hat{Q}_u\lambda_s du$. L'égalité cherchée en découle aussitôt.

Appliquons cela à la fonction $f\hat{V}_p$ ($f\in\underline{\underline{C}}_c^+(E_v)$), il vient $<f\hat{V}_p\hat{V},\lambda > = \int_0^\infty < f, \hat{V}_p\lambda_t > dt$. Il est facile d'en déduire (cf. la démonstration du th.49 du chap.I) que

$$< pf\hat{V}_p\hat{V}, \lambda > = < f,\hat{V}\lambda > - \int_0^\infty e^{-ps}< f, \lambda_s > ds$$

ou en comparant à la valeur de $\hat{V}\lambda$ trouvée plus haut, par différence

$$< f,\hat{V}_p\lambda > = \int_0^\infty e^{-ps} <f,\lambda_s> ds \quad (f\in\underline{\underline{C}}_c^+(E_v))$$

d'où en inversant la transformation de Laplace

$$< f,\hat{Q}_t\lambda > = < f, \lambda_t > \text{ pour presque tout } t \ (f\in\underline{\underline{C}}_c^+(E_v))$$

(*)Dans toutes les applications ultérieures, nous aurons $E_v=E$.

Mais les deux membres sont des mesures portées par E_v pour presque tout t : donc $\lambda_t = \hat{Q}_t\lambda$ pour presque tout t, et enfin pour tout t par continuité à droite . Le lemme est établi.

Voici un premier résultat important.

T16 THÉORÈME.-Soit $(\hat{X}_t)_{t>0}$ un processus de Markov continu à droite à valeurs dans F, admettant $(\hat{P}_t)$ comme semi-groupe de transition et $(\mu_t)_{t>0}$ comme loi d'entrée. Alors

$$\hat{\underset{w}{P}}\{\exists\, t \in\,]0,\hat{\zeta}[\ :\ \hat{X}_t \text{ ou } \hat{X}_{t-} \in F\setminus E\} = 0$$

De plus, les trajectoires du processus $(\hat{X}_t)$ (qui sont p.s. à valeurs dans E d'après ce qui précède) sont p.s. continues à droite pour $t>0$, pour la topologie de E.

DÉMONSTRATION.- Il suffit de raisonner sur les coprocessus canoniques. Tout revient à montrer que $\hat{\underset{w}{P}}\{\exists t\in]c,\hat{\zeta}[\ :\ldots\}=0$ pour une suite de valeurs de $c>0$ tendant vers 0, et nous choisirons à cet effet des valeurs de c telles que $\mu_c(E_H\cup(F\setminus E)) = 0$ (relation satisfaite pour presque tout c). On est alors ramené au même problème pour un processus admettant une mesure initiale μ_c portée par E_P , et finalement pour un processus admettant la mesure initiale ε_x , $x\in E_P$. Choisissons une fonction $a\in\underline{\underline{C}}_0^+(E)$ strictement positive en tout point de E, telle que $v=a\hat{U}$ soit continue et bornée sur F (construire a comme somme d'une série d'éléments de $\underline{\underline{C}}_c^+(E)$, comme au chap.II, T8 par ex.). Posons $u=k_x$, $\mu=au.\eta$; on peut choisir a de telle sorte que μ soit bornée, et la normaliser ensuite pour que μ soit une loi de probabilité.

Désignons par H l'événement $\{\exists t\in]0,\hat{\zeta}[\ :\ \hat{X}_t$ ou $\hat{X}_{t-}\in F\setminus E\}$. Notons d'abord que v est cosurmédiane par rapport au semi-groupe $(\hat{P}_t)$ (par construction de ce semi-groupe au chap.I) et continue : le processus $(v\circ\hat{X}_t)$ est donc une surmartingale positive continue à droite , qui garde par conséquent la valeur 0 à partir du premier instant où $v\circ\hat{X}_t$ ou bien $v\circ\hat{X}_{t-} = 0$. Mais d'autre part $\{v=0\}$ est un ensemble de potentiel nul. Il en résulte que les trajectoires du processus $(\hat{X}_t)$, et leurs limites à gauche, ignorent l'ensemble $\{v=0\}$ avant $\hat{\zeta}$; il est alors très facile de montrer que $\hat{\underset{w}{P}}^x(H)=0 \iff \hat{\underset{w}{P}}^{x/v}(H)=0$. H étant universellement mesurable, il nous suffira de construire un processus continu à droite et pourvu de limites à gauche, admettant $(\hat{P}_t^{(v)})$ comme semi-groupe de transition, et ε_x comme loi initiale, pour lequel H est négligeable. Nous procèderons par retournement du temps.

Nous désignerons par Ω_E (resp. Ω_F) l'espace canonique des processus continus à droite ... à valeurs dans E (resp. dans F). Munissons Ω_E de la mesure $\underset{\sim}{P}^{\mu/u}$: les semi-groupes $(P_t^{(u)})$ et $(\hat{P}_t^{(v)})$ ayant leurs résolvantes en dualité par rapport à $uv.\eta = \mu U^{(u)}$ (n°14), le processus $(\hat{X}_t)_{t>0}$ obtenu en retournant $(X_t)_{t>0}$ à l'instant ζ admet $(\hat{P}_t^{(v)})$ comme semi-groupe de transition. D'après T5, on a $\zeta<\infty$ p.s., car u est purement excessive. D'autre part, comme $x\in E_P$, l'ensemble des $y\in F_m$ tels que $k_y = k_x$ est réduit à x (en effet $y\in F_m' \Rightarrow k_y$ harmonique) . T7 entraîne alors que $X_{\zeta-}$ existe et vaut x $\underset{\sim}{P}^{\mu/u}$-p.s. En retournant le temps il vient que $\hat{X}_{0+}$ existe et vaut x p.s. ; d'après T15 , le processus $(\hat{X}_t)_{t>0}$ admet $(\hat{P}_t^{(v)}\varepsilon_x)$ comme loi d'entrée. Comme ce processus et ses limites à gauche ignorent évidemment F\E (puisque (X_t) et (X_{t-}) l'ignorent), la première partie de l'énoncé est établie. Notons qu'on peut adjoindre à F\E n'importe quel ensemble polaire, et en déduire que <u>tout ensemble polaire est copolaire</u> . Les détails (et la réciproque) seront laissés au lecteur.

Nous avons $\Omega_E \subset \Omega_F$, et $\omega\in\Omega_E \iff$ pour tout intervalle [a,b] à extrémités rationnelles contenu dans $]0,\zeta(\omega)[$, il existe un compact $K\subset E$ tel que $X_t(\omega)\in K$ pour $t\in[a,b]$. Il en résulte que Ω_E est universellement mesurable dans Ω_F (rappel : dans la définition de Ω_E, c'est la topologie de E qui intervient, et l'ensemble d'indices est toujours $]0,\infty[$). Nous avons pu construire plus haut un processus admettant $(\hat{P}_t^{(v)})$ comme semi-groupe de transition, $(\hat{P}_t^{(v)}\varepsilon_x)$ comme loi initiale, et dont les trajectoires sont continues à droite... à valeurs dans E, et pour la topologie de E. C'est donc que $\Omega_F\setminus\Omega_E$ est intérieurement $\hat{\underset{\sim}{P}}^{x/v}$-négligeable, et donc $\hat{\underset{\sim}{P}}^{x/v}$-négligeable, pour $x\in E_P$. On en déduit qu'il est $\hat{\underset{\sim}{P}}^{x}$-négligeable, puis $\hat{\underset{\sim}{P}}^{\mu}$-négligeable quelle que soit la mesure μ portée par E_P , et enfin (comme au début de la démonstration) que toute mesure $\hat{\underset{\sim}{P}}$ sur Ω_F, rendant $(X_t)_{t>0}$ markovien avec $(\hat{P}_t)$ comme semi-groupe de transition, est portée par Ω_E. Cela achève la démonstration.

REMARQUE.- Ce théorème rétablit la symétrie entre les deux semi-groupes (P_t) et $(\hat{P}_t)$, qui apparaissent tous deux maintenant comme des semi-groupes <u>sur E</u> . Nous pouvons donc appliquer le théorème de retournement du temps <u>aux coprocessus, en sens inverse</u>.

UNICITÉ DE LA REPRÉSENTATION INTÉGRALE

Nous allons d'abord établir l'unicité de la représentation intégrale pour des fonctions purement excessives. Après quoi nous développerons une méthode qui nous permettra de prouver que l'hypothèse d'unicité est satisfaite sur F, sans aucune restriction. Nous reviendrons ensuite à l'étude des coprocessus.

T17 THÉORÈME.- a) Soit u une fonction purement excessive extrémale normalisée. Il existe alors un seul $y \in F_m$ tel que $u=k_y$.

b) On a $y \in \hat{D}$ si et seulement si $y \in F_m$, et k_y est purement excessive.

DÉMONSTRATION.- Désignons par $\hat{L}$ l'opérateur terminal de la résolvante $(\hat{U}_p)$, et par y un élément de F_m tel que $k_y=u$. Remarquons d'abord que $\hat{U}(.,y)=\hat{L}(.,y)$: en effet, $\hat{U}_p(.,y)$ admet comme densité par rapport à η la fonction $k_y - pU_pk_y$; comme k_y est purement excessive, cette densité converge pp en croissant vers k_y lorsque $p\to 0$ (chap.I,T8), d'où aussitôt le résultat cherché.

D'après le lemme 13, les résolvantes $(U_p^{(u)})$ et $(\hat{U}_p)$ sont en dualité par rapport à la mesure de Radon $u.\eta = \hat{L}\varepsilon_y$. Nous allons donc pouvoir appliquer (en vertu des remarques précédant l'énoncé) le théorème sur le retournement du temps aux coprocessus.

Munissons donc Ω de la mesure $\hat{\underset{\sim}{P}}^y$ (nous désignerons par $\hat{X}_t$ les coordonnées), et notons que la fonction 1 est purement coexcessive sur E, par construction de l'espace de Martin (chap.IV, n°4). Soit j la régularisée coexcessive de la fonction surmédiane 1 : $pj\hat{U}_p\to 0$ pp lorsque $p\to 0$, donc on a la même propriété partout sur $\{j<\infty\}$ (chap.I, T8), et enfin $p1\hat{U}_p \to 0$. On a donc $\hat{\zeta} < \infty$ $\hat{\underset{\sim}{P}}^y$-p.s. (T5) ; soit (X_t) le processus obtenu en retournant le temps à l'instant $\hat{\zeta}$ $(t>0)$: ce processus admet $(P_t^{(u)})$ comme semi-groupe de transition et une loi d'entrée $(\mu_t)_{t>0}$. Notons que les trajectoires d'un u-processus ne rencontrent jamais $E\setminus E_u$ pour $t>0$: les mesures μ_t sont donc portées par E_u.

Comparons alors les deux assertions suivantes :

1) $\hat{X}_{0+}$ existe et appartient à $\hat{D}$ $\hat{\underset{\sim}{P}}^y$-p.s.

(chap.I, T34)

2) p.s., l'ensemble $J(\omega)$ des valeurs d'adhérence à gauche de $X_{\cdot}(\omega)$ à l'instant $\zeta(\omega)$ est égal à $\overline{R}_u$.

Rappelons que $R_u = \{ z\in F_m : k_z=u \}$; cette assertion résulte aussitôt de T7 .

Ces assertions ne sont compatibles que si $\overline{R}_u$ est réduit à un seul point de $\hat{D}$. L'unique $y\in F_m$ tel que $u=k_y$ appartient donc à $\hat{D}$.

Pour établir b), et le théorème, il faut montrer inversement que si $z\in\hat{D}$, alors $z\in F_m$ et k_z est purement excessive. Nous allons pour cela la propriété suivante :

<u>soit</u> λ <u>une mesure bornée sur</u> F, <u>et soit</u> μ <u>une mesure</u> (<u>en fait unique d'après chap.IV, T27</u>) <u>portée par</u> F_m, <u>telle que</u> $K\lambda=K\mu$. <u>Soit</u> H= $\{ y\in F_m : k_y$ purement excessive $\}$, <u>et soit</u> $\mu'=I_H\cdot\mu$, $\mu''=I_{H^c}\cdot\mu$. <u>On a alors</u>

$$\lim_{p\to\infty} p\hat{U}_p\lambda = \hat{P}_0\lambda = \mu' \quad \text{(limites au sens vague).}$$

Ce résultat entraîne le résultat cherché. Prenons en effet $\lambda=\varepsilon_z$, $z\in\hat{D}$: alors la limite au premier membre est ε_z, par définition de $\hat{D}$, donc $\mu'=\varepsilon_z$; comme μ' est portée par H, on a $z\in H$, d'où b).

Pour prouver l'assertion soulignée, notons que $K\lambda=K\mu$ équivaut à $\hat{U}\lambda=\hat{U}\mu$, et donc entraîne $\hat{U}_p\hat{U}\lambda = \hat{U}_p\hat{U}\mu$, et par différence $\hat{U}_p\lambda =(\hat{U}-p\hat{U}_p\hat{U})\lambda = (\hat{U}- p\hat{U}_p\hat{U})\mu = \hat{U}_p\mu$ (chap.I, 29). Il nous suffit donc de montrer que $\lim_p p\hat{U}_p\mu = \mu'$. Mais si $z\in F_m\setminus H$ on a $\hat{U}_p(\cdot,z)=0$ pour $p>0$, car k_z est invariante. Donc $p\hat{U}_p\mu = p\hat{U}_p\mu'$; d'autre part nous avons vu que si $y\in H$ on a $y\in\hat{D}$, donc $\lim_p p\hat{U}_p\varepsilon_y = \varepsilon_y$, d'où en intégrant $\lim_p p\hat{U}_p\mu'=\mu'$.

LA MÉTHODE DES CHANGEMENTS DE TEMPS

Nous allons maintenant traiter le cas des fonctions invariantes extrémales normalisées en utilisant une méthode inspirée de KUNITA-WATANABE (et de HUNT par leur intermédiaire) qui consiste à se ramener, par changement de temps, au cas où il n'y a aucune fonction invariante, et à appliquer T17.

18 Désignons par (k_n) une suite d'éléments de $\underline{\underline{C}}_c^+(E)$, telle que les ensembles $\{k_n>0\}$ recouvrent E, par d_n une suite de constantes toutes > 0, par a la fonction $\sum d_nk_n$. Nous choisirons les constantes d_n de telle sorte que :

1) $a\in\underline{\underline{C}}_0^+(E)$
2) Ua est bornée
3) $a\hat{U}\in\underline{\underline{C}}(F)$
4) Pour toute fonction excessive u telle que $L(1,u)\leqq 1$, $< a,u >_\eta \leqq 1$.

Seule cette dernière propriété présente quelque difficulté. Les fonctions k_n étant bornées à support compact, il existe d'après le n°13 du chap.II, e) , une constante c_n telle que l'on ait pour toute fonction excessive u $\int k_n u \, d\eta \leqq c_n L(1,u)$. Il suffit alors de choisir les constantes $d_n > 0$ telles que $\sum_n c_n d_n \leqq 1$.

Posons maintenant pour toute fonction universellement mesurable $f \geqq 0$ sur E

$$Vf = U(af) \text{ sur } E \ , \ f\hat{V} = (af)\hat{U} \quad \text{sur } F$$

et posons $a.\eta = \Theta$. Nous allons établir maintenant les propriétés suivantes :

1) Il existe une résolvante (V_p) et une corésolvante $(\hat{V}_p)$ sur E, admettant respectivement V et $\hat{V}$ comme opérateurs terminaux, telles que le triplet $((V_p), (\hat{V}_p), \Theta)$ satisfasse à l'hypothèse K-W.

2) La fonction 1 est purement coexcessive pour $(\hat{V}_p)$.

3) Les fonctions excessives sont les mêmes pour (U_p) et (V_p), et les normalisations sont les mêmes.

4) F est un espace de Martin pour le triplet $((V_p),(\hat{V}_p),\Theta)$; le noyau de Martin sur E×F est encore égal à $k(.,.)$ pour le nouveau triplet. Les réduites extérieures sur $A \subset F$ sont les mêmes pour les deux triplets. En particulier, les points minimaux sont les mêmes pour les deux triplets. Les fonctions continues sur F, dont la restriction à E est cosurmédiane par rapport à $(\hat{V}_p)$ séparent F.

5) Il n'existe aucune fonction invariante normalisée pour la résolvante (V_p).

a) Il est clair que Θ est une mesure de Radon, que V est un noyau borné sur E, $\hat{V}$ un conoyau borné de E dans F (nous le considérerons aussi, sans mention spéciale, comme un conoyau sur F, pour lequel F\E est de copotentiel nul). Ces noyaux sont en dualité par rapport à Θ : si f et g sont boréliennes positives sur E

$$< f,Vg >_\Theta = < af,U(ag) >_\eta = < (af)\hat{U},ag >_\eta = < f\hat{V},g >_\Theta \ .$$

b) On sait que V est le noyau potentiel d'un semi-groupe standard (Q_t), que l'on construit de la manière suivante : considérons la fonctionnelle additive sur Ω

$$A_t(\omega) = \int_0^t a \circ X_s \, ds$$

et soit (c_t) le changement de temps associé :

$$c_t(\omega) = \inf \{ s : A_s(\omega) > t \}$$

Posons $Q_t(x,f)=\underline{E}^x[f\circ X_{c_t} I_{\{c_t<\infty\}}]$ pour tout $x\in E$ et toute fonction borélienne bornée f sur E. On sait alors depuis HUNT que (Q_t) est un semi-groupe standard de potentiel V. Nous désignerons par (V_p) sa résolvante.

c) Comme $\hat{U}$ satisfait sur F au principe complet du maximum (chap.I, T28), il en est évidemment de même pour $\hat{V}$. Mais $\hat{V}$ est borné, et il résulte d'un théorème de HUNT (X.T10) qu'il existe une corésolvante sous-markovienne $(\hat{V}_p)$ unique dont $\hat{V}$ est le conoyau terminal. On a pour tout $p\geq 0$ et pour $\varepsilon>0$ suffisamment petit

$$\hat{V}_{p+\varepsilon} = (I-\varepsilon\hat{V}_p+\varepsilon^2\hat{V}_p^2 -\varepsilon^3\hat{V}_p^3\ldots)\hat{V}_p$$

On a une formule analogue pour $V_{p+\varepsilon}$. Soient f et g deux éléments de $\underline{\underline{C}}_c(E)$ Appliquons la formule précédente avec p=0 ; il en résulte que $<f,V_\varepsilon g>_\theta = <f\hat{V}_\varepsilon,g>_\theta$ pour $\varepsilon>0$ assez petit ; les deux membres étant des fonctions analytiques réelles de ε, cele a lieu pour tout ε, et les deux résolvantes sont en dualité. Bien entendu, elles satisfont à la condition de continuité absolue par rapport à θ.

d) Soit f une fonction borélienne bornée à support compact ; on a $f\hat{V}= (af)\hat{U} \in \underline{\underline{C}}(F)$. Supposons maintenant que f soit borélienne, comprise entre 0 et 1 ; on déduit aussitôt de ce qui précède que $f\hat{V}$ et $(1-f)\hat{V}$ sont s.c.i. sur F. Mais leur somme $1\hat{V} = a\hat{U}$ est continue sur F : chacune d'elles est donc continue, et $\hat{V}$ applique les fonctions boréliennes bornées dans $\underline{\underline{C}}(F)$. Le développement en série de $\hat{V}_{p+\varepsilon}$ indiqué plus haut permet alors de montrer que $\hat{V}_p$ possède la même propriété pour p>0.

e) Soit f une fonction continue sur F, telle que la restriction $g=f|E$ soit cosurmédiane par rapport à $(\hat{U}_p)$. Le conoyau $\hat{U}$ sur E étant propre, il existe une suite croissante $g_n=h_n\hat{U}$ de copotentiels <u>sur E</u> majorés par g, dont l'enveloppe supérieure est pp égale à g (noter que $\hat{U}$ coincide <u>sur E</u> avec l'opérateur terminal de la corésolvante $(\hat{U}_p)$). Mais on a aussi $h_n\hat{U} = (h_n/a)\hat{V}$, donc g est cosurmédiane par rapport à $(\hat{V}_p)$. Les fonctions f du type précédent séparant F, on voit que F <u>satisfait aux hypothèses du chap.I, n°26 relativement à la résolvante</u> $(\hat{V}_p)$.

La théorie développée au §5 du chap.I permet alors de construire un semi-groupe $(\hat{Q}_t)$ sur F dont la résolvante est $(\hat{V}_p)$, et le conoyau potentiel $\hat{V}$ [ici, contrairement à ce qui se passait pour $(\hat{U}_p)$ et $\hat{U}$, $\hat{V}$ est bien sur F l'opérateur terminal de la résolvante $(\hat{V}_p)$].

Effectuons d'autre part le changement de temps associé à la fonctionnelle (A_t) considérée plus haut, sur les processus correspondant au semi-groupe $(\hat{P}_t)$. Nous obtenons un semi-groupe $(\hat{Q}'_t)$ dont le noyau potentiel $\hat{V}'$ est donné par $f\hat{V}'=(af)\hat{L}$, où $\hat{L}$ est l'opérateur terminal de la résolvante $(\hat{U}_p)$. Soit $y\epsilon F$ tel que $\hat{L}\varepsilon_y=\hat{U}\varepsilon_y$ - en particulier un point $y\epsilon E$; on a $\hat{V}'\varepsilon_y=\hat{V}\varepsilon_y$, et comme $F\setminus E$ est de potentiel nul pour les deux conoyaux $(\hat{V}')^k\varepsilon_y = \hat{V}^k\varepsilon_y$ pour tout k . Mais $\hat{V}$ et $\hat{V}'$ sont des conoyaux bornés, et le développement en série rappelé plus haut entraîne que $\hat{V}'_p\varepsilon_y = \hat{V}_p\varepsilon_y$ pour tout p par analyticité.

Prenons en particulier $y\epsilon E$: il résulte aussitôt de l'interprétation probabiliste par changement de temps que $\hat{Q}'_t\varepsilon_y \to \varepsilon_y$ au sens vague lorsque $t\to 0$, donc $p\hat{V}'_p\varepsilon_y \to \varepsilon_y$ lorsque $p\to\infty$, et enfin $p\hat{V}_p\varepsilon_y \to \varepsilon_y$. Nous avons achevé de vérifier l'hypothèse K-W pour le nouveau triplet $(V_p , \hat{V}_p, \Theta)$.

f) Notons que si h est une fonction invariante pour la résolvante $(\hat{V}_p)$ on a $h\hat{V}= (ph\hat{V}_p)\hat{V} = h\hat{V}-ph\hat{V}_p$, d'où (en faisant tendre p vers $+\infty$) $h=0$ en tout point où $h\hat{V}<\infty$. En particulier, si h est bornée $h\hat{V}$ est partout finie et h est nulle. Toute fonction coexcessive bornée sur E est donc purement coexcessive, et en particulier 1 est purement coexcessive sur E. D'où l'assertion 2).

g) Les potentiels de fonctions sont les mêmes pour les deux noyaux U et V, et les fonctions excessives sur E sont donc les mêmes pour les deux résolvantes (U_p) et (V_p).

La fonction 1 sur E étant purement coexcessive pour $(\hat{V}_p)$, introduisons pour toute fonction excessive u la fonction de normalisation

$$M(1,u) = \lim_{p\to\infty} p< 1-p1\hat{V}_p,u >_\Theta$$

Je dis que $M(1,u)=L(1,u)$ pour tout u. D'après le chap.II, n°13,d), il suffit de vérifier cela lorsque u est un potentiel de fonction $U(f)=V(f/a)$. Mais alors d'après la même référence, a), on a $L(1,u)= <f,\eta>$ et $M(1,u)= < f/a, \Theta > = < f/a,a.\eta > = L(1,u)$. Les normalisations sont donc les mêmes. L'assertion 3) est établie.

h) Nous avons déjà vu que 1 est purement coexcessive , que les fonctions $f\hat{V}$ ($f\in\underline{\underline{C}}_c(E)$) se prolongent à F par continuité, donc F est un espace de Martin pour le nouveau triplet. Nous avons vu aussi que les fonctions cosurmédianes continues pour le nouveau triplet séparent F.

Pour $y\in F$, la fonction k'_y (noyau de Martin pour le nouveau triplet) est l'unique version excessive de la densité de $\hat{V}(dx,y)=\eta(dx)k_y(x)a(x)$ par rapport à $\Theta(dx)=\eta(dx)a(x)$. Il en résulte aussitôt que $k'_y=k_y$.

Si A est un ouvert, la réduite d'une fonction excessive u sur A est l'enveloppe inférieure de l'ensemble des fonctions excessives qui majorent u sur A. Les réduites sur A sont donc les mêmes pour les deux semi-groupes (P_t) et (Q_t), puisqu'ils ont mêmes fonctions excessives. On passe de là aux réduites extérieures sur des ensembles quelconques. L'assertion 4) est établie.

i) Soit u une fonction invariante pour (V_p), telle que $L(1,u)\leqq 1$. D'après la condition 4) imposée à a), nous avons $< a,u >_\eta \leqq 1$. La mesure $\mu = au.\eta$ est donc bornée, et $K\mu$ est donc finie pp. Or $K\mu=U(au)=V(u)$. En vertu de f) (qui s'applique tout aussi bien à la résolvante (V_p)), Vu étant finie pp, u est nulle pp, donc partout. L'assertion 5) et la totalité de l'énoncé sont établis.

Appliquons alors T17 au nouveau triplet : toute fonction excessive normalisée (en particulier toute k_y , $y\in F_m$) devient purement excessive par rapport à (V_p), et nous obtenons :

T19 THÉORÈME.- Soit u une fonction excessive extrémale normalisée. Il existe un seul $y\in F_m$ tel que $k_y=u$ (et pour le nouveau triplet on a $\hat{D}=F_m$).

CARACTÈRE STANDARD DES COPROCESSUS

Avant de poursuivre, nous aurons besoin du résultat suivant. Sauf mention expresse du contraire, nous travaillons sur l'ancien triplet $(U_p, \hat{U}_p,\eta)$. Nous notons $\hat{X}_t$ les coordonnées pour la cohérence .

T20 THÉORÈME.- Soit μ une loi de probabilité portée par $\hat{D}$; munissons Ω de la mesure $\hat{\underline{\underline{P}}}^\mu$. Alors le processus $(\hat{X}_t)$ est standard.(*)

DÉMONSTRATION.- Désignons par (T_n) une suite croissante de temps d'arrêt majorés par $\zeta\wedge c$, où c est une constante >0, et soit $T=\lim_n T_n$. Posons $\underline{\underline{G}} =\bigvee_n \underline{\underline{F}}_{T_n}$, $A = \{ \omega : \lim_n \hat{X}_{T_n}(\omega)$ existe dans E $\}$, et $\phi = \lim_n \hat{X}_{T_n}$ sur A, $\phi=\partial$ sur A^c ; ϕ est $\underline{\underline{G}}$-mesurable, on a $\{T<\zeta\}\subset A$, et nous

(*) Ce théorème conduit à un paradoxe apparent, commenté p.123.

voulons montrer que $\phi=\hat{X}_T$ p.s. sur A (ce qui entraînera d'ailleurs $A=\{T<\zeta\}$ p.s.).

Soit h une fonction positive. bornée à support compact et borélienne sur E, et soit $f=g\hat{L}$, où $\hat{L}$ désigne comme d'habitude l'opérateur terminal de la corésolvante $(\hat{U}_p)$. D'après XIII.T29 la limite $\gamma = \lim_n g \circ \hat{X}_{T_n}$ existe p.s., et est égale p.s. à $\hat{\underline{E}}[g\circ\hat{X}_T|\underline{G}]$. Nous avons donc en particulier, ϕ étant $\underline{G}$-mesurable

$$\hat{\underline{E}}[f\circ\phi.\gamma]= \hat{\underline{E}}[f\circ\phi.g\circ\hat{X}_T]$$

pour toute fonction $f\in\underline{C}^+(F)$ (nulle en ∂ par la convention usuelle). Notons maintenant que $g\hat{L} = g\hat{U}$ sur E, donc g est continue sur E, et par conséquent $\gamma = g\circ\phi$ sur A . Ainsi

$$\hat{\underline{E}}[f\circ\phi.g\circ\phi]= \hat{\underline{E}}[f\circ\phi.g\circ\hat{X}_T]$$

Ceci s'étent par passage à la limite croissant au cas où g est une fonction coexcessive. Supposons maintenant que g soit une fonction cosurmédiane continue sur F : g coincide sur E avec sa régularisée coexcessive, ϕ prend ses valeurs dans $E\cup\{\partial\}$, et nous obtenons en fin de compte

$$\int_A f\circ\phi.g\circ\phi \, d\hat{\underline{P}}^\mu = \int_A f\circ\phi.g\circ\hat{X}_T \, d\hat{\underline{P}}^\mu$$

en utilisant le théorème de Weierstrass-Stone, et le fait que les fonctions cosurmédianes continues sur F forment un cône stable pour $\wedge$, séparant et contenant 1, on en déduit que ceci vaut pour toute fonction $g\in\underline{C}(F)$. D'après II.32 on a $\phi=\hat{X}_T$ p.s. sur A.

L'IDENTITÉ FONDAMENTALE DE HUNT

Nous aurons besoin d'un lemme, qui découle du caractère standard, de l'hypothèse de continuité absolue et du th.19 du chap.III .

T21 THÉORÈME.- <u>Soit</u> A <u>une partie presque-borélienne de</u> E, <u>et soit</u>

$$S = \inf \{t\in]0,\zeta[\ : X_{t-}\in A\}$$

<u>Alors</u> $S=T_A$ $\underline{P}^\mu$-<u>p.s., quelle que soit la loi initiale</u> μ.

DÉMONSTRATION.- a) Il résulte du caractère standard du processus que la fonction d'ensemble $B\mapsto\underline{E}^\mu[(\exp(-p(D_B\wedge\zeta))]$, où $D_B=\inf\{t\geq 0 : X_t\in B\}$, est une capacité de CHOQUET continue à droite. Il existe donc une suite décroissante (C_n) d'ouverts contenant A, telle que l'on ait p.s. $D_A\wedge\zeta = \lim_n D_{C_n}\wedge\zeta$. La relation $X_{t-}\in A$ entraîne $X_{t-}\in C_n$, donc $t\geq D_{C_n}$ puisque C_n

est ouvert ; ainsi on a $S \geqq D_{C_n}$ pour tout n , donc $S \geqq D_A \wedge \zeta$ p.s., et enfin (comme $S<\infty \Rightarrow S<\zeta$) $S \geqq D_A$ $\underset{\sim}{P}^{\mu}$-p.s., pour toute loi μ . En appliquant ce résultat à μP_t $(t>0)$ il vient $t+S\circ\theta_t \geqq t+D_A\circ\theta_t$ $\underset{\sim}{P}^{\mu}$-p.s., et enfin $S \geqq T_A$ $\underset{\sim}{P}^{\mu}$-p.s., lorsque $t \to 0$.

b) Démontrons l'inégalité inverse : il existe une suite (K_n) de compacts de E contenus dans A, telle que $T_{K_n} \downarrow T_A$ $\underset{\sim}{P}^{\mu}$-p.s. Il suffit donc de prouver que l'on a p.s. $S \leqq T_K$ pour tout compact $K \subset A$. D'après XV.T67 nous pouvons représenter K comme la réunion d'un ensemble finement parfait L et d'un ensemble semi-polaire M (bien que le chap.XV soit écrit pour des processus de HUNT , tous ces résultats valent pour des processus standard). Comme $T_K = T_L \wedge T_M$, il suffit de montrer que $S \leqq T_L$, $S \leqq T_M$

1) D'après XV.T68 , il existe p.s. une infinité <u>non dénombrable</u> de t tels que $X_t \in L$, dans tout intervalle $]T_L, T_L+\varepsilon[$; comme l'ensemble des t tels que $X_t \neq X_{t-}$ est dénombrable, il existe des t dans cet intervalle tels que $X_{t-} \in L$. On a donc $S<T_L+\varepsilon$, et enfin $S \leqq T_L$.

2) L'ensemble M étant semi-polaire, on a d'après le th.19 du chapitre III (p.s.)

$$\{ t>0 : X_t \neq X_{t-} \ , \ X_t \in M \} = \emptyset$$

Il en résulte aussitôt que $S \leqq T_M$, et le théorème est établi.

Voici à présent le théorème de HUNT, étendu à l'espace de Martin. On notera que la démonstration (étroitement inspirée d'une démonstration de KUNITA-WATANABE) est purement probabiliste, non analytique comme les preuves "classiques" de ce théorème.(*)

T22 THÉORÈME.- <u>Soit</u> A <u>une partie borélienne de</u> E, <u>et soit</u> $y \in \hat{D}$ (<u>i.e.</u>, $y \in F_m$ <u>et</u> k_y <u>est purement excessive</u>). <u>On a alors</u>

$$P_A k_y = K(\hat{P}_A \varepsilon_y) \ . \tag{1}$$

DÉMONSTRATION.- Posons $k_y = u$. La démonstration va procéder en deux parties, dont la première est la vérification de (1) pour les points de $\{u=0\}$.

(*) Ce théorème conduit à un paradoxe apparent, commenté p.123.

1) Soit $x \in \{u=0\}$. Nous avons $P_A k_y^x \leqq k_y(x)=0$, et il nous faut montrer que le second membre est aussi nul. Or considérons la fonction $\hat{k}_x = k(x,.)$; elle est cosurmédiane par rapport à la résolvante $(\hat{U}_p)$, et s.c.i. sur F : elle coincide donc avec sa régularisée coexcessive en tout point z de $\hat{D}$ (car $p\hat{U}_p\varepsilon_z \underset{p\to\infty}{\to} \varepsilon_z$ vaguement, donc $\lim_p < \hat{k}_x , p\hat{U}_p\varepsilon_z > \geqq \hat{k}_x(z)$, d'où l'égalité), et en particulier sur $E\cup\{y\}$. Munissons Ω de la mesure $\hat{P}^y$: comme le processus $(\hat{X}_t)_{t\geqq 0}$ reste p.s. dans $E\cup\{y\}$, le processus $\hat{k}_x \circ \hat{X}_t$ est une surmartingale continue à droite ; comme elle est nulle pour t=0 , elle est identiquement nulle, et en particulier $\hat{k}_x \circ \hat{X}_{T_A} = 0$ p.s., donc $\int k(x,z)\hat{P}_A(dz,y)=0$, et le second membre de (1) est donc bien nul.

2) Soit a une fonction borélienne bornée à support compact, nulle hors de E_u, et telle que $< a,u >_\eta = 1$; soit v la fonction cosurmédiane $a\hat{U}$: nous avons $v(y) = < a,k_y >_\eta = 1$. Posons aussi $\mu = au.\eta$; μ est une loi de probabilité d'après ce qui précède, et les deux résolvantes $(U_p^{(u)})$ et $(\hat{U}_p^{(v)})$ sont en dualité par rapport à $uv.\eta = \mu U^{(u)}$ d'après T14. Nous allons appliquer le théorème de retournement.(*)

Munissons Ω de la mesure $P^{\mu/u}$; comme u est purement excessive, nous avons $\zeta < \infty$ p.s. (T5), et le processus obtenu en retournant le temps à l'instant ζ admet $(\hat{P}_t^{(v)})$ comme semi-groupe de transition . D'autre part, nous avons $X_{\zeta-} = y$ p.s. (T8 et T17) , donc $\hat{X}_{0+} = y$ p.s., et le processus retourné $(\hat{X}_t)$ admet ε_y comme loi initiale (T15) .

Calculons $P^{\mu/u}\{\exists t\in]0,\zeta[\ : X_t \in A \}$ cela vaut

$$\int \mu(dx) P^{x/u}\{T_A<\zeta\} = \int \mu(dx)\frac{1}{u(x)} E^x[u\circ X_{T_A}] = \int \eta(dx)a(x)u(x)\frac{1}{u(x)}P_A u^x$$

$$= \int \eta(dx)a(x)P_A u^x$$

Mais d'autre part cela vaut aussi, d'après T21

$$P^{\mu/u}\{\exists s\in]0,\zeta[\ : X_{s-}\in A \} = P^{\mu/u}\{\exists t\in]0,\hat{\zeta}[\ : \hat{X}_t \in A \}$$

$$= \hat{P}^{y/v}\{\exists t\in]0,\hat{\zeta}[\ : \hat{X}_t\in A \} = < 1\hat{P}_A^{(v)}, \varepsilon_y >$$

$$= \frac{1}{v(y)} v\hat{P}_A(y)$$

Mais v(y)=1, et en remplaçant v par sa valeur $\int a(x)\eta(dx)k(x,.)$ il vient

(*) v étant bornée, $uv.\eta$ est une mesure de Radon.

$$\int\eta(dx)a(x)P_A k_y(x) = \int\eta(dx)a(x)k(x,z)\hat{P}_A(dz,y)$$

Cette relation s'étend aussitôt à une fonction borélienne bornée a, positive, nulle hors de E_u ; d'après la première partie, elle est aussi vraie si a est nulle sur E_u (les deux membres étant alors nuls). Elle vaut donc pour toute fonction borélienne positive sur E, et on a donc $P_A k_y = K\hat{P}_A\varepsilon_y$ presque partout. Les deux membres étant des fonctions excessives sont donc égaux partout, et le théorème est établi.

LE COEFFILEMENT

D23 DÉFINITION.- Soit A une partie borélienne de F, et soit $y\in F$. On dit que A est coeffilée en y si $y\notin F_m$, ou si $y\in F_m$ et $P_{A\cap E}k_y \neq k_y$.

Le théorème suivant justifie la terminologie, et donne une interprétation probabiliste simple du coeffilement en un point $y\in\hat{D}$ (i.e. $y\in F_m$ et k_y est purement excessive). En appliquant ce théorème au nouveau triplet $((V_p), (\hat{V}_p), \Theta)$ du n°18, on obtient une interprétation analogue du coeffilement au moyen des coprocessus relatifs au nouveau semigroupe, qui vaut pour tous les points de F_m.

T24 THÉORÈME.- Soit A une partie borélienne de F, et soit $y\in\hat{D}$. Alors A est coeffilée en y si et seulement si A est effilée pour le coprocessus issu de y , i.e. si $\hat{\underset{\sim}{P}}^y\{T_A=0\}=0$.

DÉMONSTRATION.- Les trajectoires du processus $(\hat{X}_t)$, pour la mesure $\underset{\sim}{P}^y$, sont dans E pour tout t>0 ; nous avons donc $T_A = T_{A\cap E}$ p.s., et nous pouvons supposer $A\subset E$. Nous avons alors $P_A k_y = K(\hat{P}_A\varepsilon_y)$ (T22).

1) Supposons $P_A k_y \neq k_y$: nous avons alors $\hat{P}_A\varepsilon_y \neq \varepsilon_y$, et A est donc effilé en y pour le coprocessus.

2) Supposons $P_A k_y=k_y$: nous avons alors $K(\hat{P}_A\varepsilon_y)=K\varepsilon_y$. D'autre part, $\hat{P}_A\varepsilon_y$ est portée par $E\cup\{y\}$, donc par F_m (T16) ; d'après le théorème d'unicité , nous avons donc $\hat{P}_A\varepsilon_y=\varepsilon_y$. Notons que la répartition de X_{T_A} est portée par la réunion de A et de l'ensemble des points coréguliers pour A (XV.T12) . Si $y\notin A$, ε_y ne charge pas A, et y est donc corégulier pour A. De même si $\{y\}$ est polaire, on a $P_{A\setminus\{y\}}k_y=k_y$, et donc A est corégulier pour $A\setminus\{y\}$, et a fortiori pour A. Cela s'applique en particulier aux points de $F\setminus\hat{D}$.

Pour traiter le cas restant, nous allons raisonner par l'absurde. Supposons $y \in A \subset E$, supposons que $P_A k_y = k_y$ (ou encore, de manière équivalente, que $\hat{P}_A \varepsilon_y = \varepsilon_y$) , et que A soit effilé en y pour le coprocessus. Montrons que cela entraîne une contradiction.

Tout d'abord, la relation $\hat{P}_A \varepsilon_y = \varepsilon_y$ entraîne que le premier membre est une mesure de masse 1, donc $\hat{T}_A < \hat{\zeta}$ $\hat{P}^y$-p.s. ; A étant effilé en y pour le coprocessus, on a aussi $0 < \hat{T}_A$ $\hat{P}^y$-p.s.. La relation $\hat{X}_{\hat{T}_A} = y$ p.s. entraîne donc que le coprocessus rencontre p.s. y sur $]0, \hat{\zeta}[$. On a donc $\hat{T}_{\{y\}} < \hat{\zeta}$ p.s., et finalement $\hat{P}_{\{y\}} \varepsilon_y = \varepsilon_y$. D'après T22, nous avons $P_{\{y\}} k_y = k_y$. L'ensemble $\{y\}$ n'est donc pas polaire (on le savait).

Choisissons une fonction $a \in \underline{\underline{C}}_0^+(E)$, strictement positive en tout point de E, telle que Ua soit bornée. La fonction $P_{\{y\}} Ua$ n'est pas nulle puisque $\{y\}$ n'est pas polaire, et elle est potentiel d'une mesure portée par $\{y\}$ (note p.90) : elle est donc proportionnelle à k_y, et la relation ci-dessus s'écrit $P_{\{y\}} P_{\{y\}} Ua = P_{\{y\}} Ua$. Posons $S = T_{\{y\}}$; cette relation s'écrit encore

$$\underline{E}^{\cdot}\left[\int_S^{S+S\circ\theta_S} a\circ X_u \, du\right]=0$$

Il en résulte que $T_{\{y\}} \circ \theta_{T_{\{y\}}} = 0$ p.s., et donc que y est <u>régulier</u> pour $\{y\}$. Notons que $u = k_y$ est finie (même bornée) et >0 en y . Munissons Ω de la mesure $\hat{\underline{P}}^y$, désignons par $\hat{X}_t$ les coordonnées, et remarquons que $\hat{\zeta} < \infty$ p.s. , et que le processus retourné à $\hat{\zeta}$ (que nous désignerons par $(X_t)_{t>0}$) admet $(P_t^{(u)})$ comme semi-groupe de transition (cf. p.106, démonstration de T17). Comme $\hat{P}_{\{y\}} \varepsilon_y = \varepsilon_y$, le processus $(\hat{X}_t)$ rencontre p.s. $\{y\}$; mais $\{y\}$ est effilé en y pour le coprocessus, donc cosemi-polaire, et donc presque toute trajectoire de $(\hat{X}_t)$ passe par y une infinité dénombrable de fois. En retournant, on voit que le processus (X_{t-}) rencontre p.s. $\{y\}$, donc (X_t) rencontre p.s. $\{y\}$, et comme $\{y\}$ est régulier pour y, il le rencontre p.s. une infinité <u>non dénombrable</u> de fois (cf.T21, et XV.T68). L'ensemble des t tels que $X_t \neq X_{t-}$ étant dénombrable, X_{t-} rencontre y une infinité non dénombrable de fois . En retournant le temps, on obtient le même résultat pour $(\hat{X}_t)$, et on a obtenu la contradiction désirée.

25 REMARQUE.- Supposons que $y \in \hat{D}$, $A \subset E$, $y \notin A$, et que A soit coeffilé en y. Le coprocessus étant standard, il existe une suite décroissante (C_n) d'ouverts contenant A, telle que $D_{C_n} \wedge \zeta \uparrow D_A \wedge \zeta$ $\hat{\underset{\sim}{P}}^y$-p.s. ; comme les C_n sont ouverts, on a $D_{C_n} = T_{C_n}$; comme $y \notin A$, donc $D_A = T_A$ $\hat{\underset{\sim}{P}}^y$-p.s., et le coeffilement entraîne $D_A > 0$ p.s. , donc $\hat{\underset{\sim}{P}}^y\{T_{C_n} > 0\} > 0$ pour n assez grand. Mais alors $T_{C_n} > 0$ p.s., C_n est effilé en y pour le coprocessus, et donc $P_{C_n} k_y \neq k_y$. Ainsi : <u>si</u> $y \in \hat{D}$, $A \subset E$, $y \notin A$, <u>la relation</u> $P_A k_y \neq k_y$ (coeffilement) <u>entraîne</u> $\overline{P}_A k_y \neq k_y$. En appliquant ce résultat au nouveau triplet $((V_p),(\hat{V}_p),\Theta)$ du n°18, on voit qu'il s'applique en fait à tous les points de F_m , et non seulement à ceux de $\hat{D}$.

Noter que l'hypothèse $y \notin A$ est essentielle : on a en général $P_{\{y\}} k_y = 0$ pour les points de E (ceux-ci étant le plus souvent polaires), mais on a toujours $\overline{P}_{\{y\}} k_y = k_y$.

LES ENSEMBLES CO-SEMI-POLAIRES

Voici une autre conséquence importante de l'identité fondamentale de HUNT (T22) et de T25 .

T26 THÉORÈME.- <u>Soit</u> A <u>une partie borélienne de</u> E ; A <u>est semi-polaire si et seulement si</u> A <u>est co-semi-polaire</u>.

DÉMONSTRATION.- a) Soit A un ensemble borélien contenu dans E, sans point régulier, et soit A' l'<u>adhérence cofine</u> de A dans E ; on a $\hat{P}_{A'} \varepsilon_y = \hat{P}_A \varepsilon_y$ pour tout $y \in F$, donc $P_{A'} k_y = P_A k_y$ d'après T24, et enfin $P_{A'} Ua = P_A Ua$ pour toute fonction positive a sur E. On en déduit aussitôt, en appliquant la propriété de Markov forte, que $T_{A'} = T_A$ p.s. pour toute loi initiale, et donc que A' est aussi sans point régulier. Pour toute mesure $\underset{\sim}{P}^\mu$, $\{ t : X_t \in A' \}$ est donc p.s. dénombrable (XV.T31) d'après le th.19 du chap.III, il en est de même de $\{ t : X_{t-} \in A' \}$, et cela s'étend aussitôt aux u-processus . Par retournement du temps, on voit que $\{t : \hat{X}_t \in A' \}$ est p.s. dénombrable, pour toute mesure $\underset{\sim}{P}^y$, et il en résulte aussitôt la même propriété pour l'adhérence cofine A'' de A <u>dans F</u> . L'ensemble cofinement fermé A'' ne contient aucun ensemble cofinement parfait, il est donc co-semi-polaire (XV. T68 et T67). Donc semi-polaire => co-semi-polaire.

b) Soit A un ensemble borélien contenu dans E, sans point corégulier, montrons que A est semi-polaire (ce qui achèvera d'établir le théorème). Soit A' l'adhérence fine de A ; pour tout $y \in F$ on a $P_{A'}k_y = P_A k_y \neq k_y$, donc A' n'a pas de point corégulier . Soit H un ensemble finement parfait contenu dans A' : nous avons $P_H P_H Ua = P_H Ua$ pour toute fonction borélienne positive a ; d'autre part, nous avons $P_H Ua = K\mu$, où μ est portée par la réunion de H et de l'ensemble des points corégu- liers pour H ($\mu = \hat{P}_H(a.\eta)$), donc par H puisque H est sans point coré- gulier. Mais nous avons $P_H K\mu = K\mu$, donc $P_H k_y = k_y$ pour μ-presque tout y . Comme $P_H k_y \leq P_{A'} k_y \neq k_y$ pour $y \in H$, c'est que $\mu = 0$. Ainsi $P_H Ua = 0$ pour toute fonction $a \geq 0$, et H est polaire - donc vide puisque H est finement parfait. L'ensemble finement fermé A' ne contient aucun ensemble finement parfait non vide, il est donc semi-polaire (XV.T67) et le théorème est établi.

T27 COROLLAIRE.- <u>Soit</u> λ <u>une loi de probabilité portée par</u> $\hat{D}$, <u>et soit</u> A <u>une partie co-semi-polaire de E. Alors</u>

$$\hat{\underset{w}{P}}^{\lambda}\{\exists t \in]0,\hat{\zeta}[\ : \ \hat{X}_t \neq \hat{X}_{t-} \ , \ \hat{X}_t \in A \ \underline{\text{ou}} \ \hat{X}_{t-} \in A \ \} = 0$$

DÉMONSTRATION.- A étant semi-polaire, on a pour toute loi initiale μ sur E (chap.III, T19)

$$\underset{w}{P}^{\mu}\{\exists t \in]0,\zeta[\ : \ X_t \neq X_{t-}, \ X_t \in A \text{ ou } X_{t-} \in A\} = 0$$

On passe de là de la manière habituelle aux u-processus, puis aux u-processus ayant une loi d'entrée quelconque, puis par retournement du temps aux mesures $\hat{\underset{w}{P}}^y$, puis par intégration à $\hat{\underset{w}{P}}^{\lambda}$.

T28 COROLLAIRE.- <u>Les coprocessus satisfont à l'hypothèse</u> (B)(*).

Cf. la remarque après l'énoncé de T19, chap.III, p.71.

T29 COROLLAIRE.- <u>Les coprocessus satisfont à</u> T21. <u>En particulier</u>, <u>soit</u> $y \in \hat{D}$ <u>et soit</u> A <u>une partie borélienne de</u> E . <u>On a les équivalences suivantes</u>

$$\inf\{t>0 \ : \hat{X}_{t-} \in A\} > 0 \ \hat{\underset{w}{P}}^y\text{-}\underline{\text{p.s.}} \iff \inf\{t>0 \ : \ \hat{X}_t \in A\} > 0 \ \hat{\underset{w}{P}}^y\text{-}\underline{\text{p.s.}}$$

$$\iff A \ \underline{\text{est coeffilée en}} \ y \ .$$

DÉMONSTRATION.- Sans modification, celle de T21.

(*) Voici une autre démonstration plus simple de ce fait : soient A une partie borélienne de E, H un voisinage ouvert de A. Comme $P_A P_H k_y = P_A k_y$, nous avons $P_A(K(\hat{P}_H \varepsilon_y)) = K(\hat{P}_A \hat{P}_H \varepsilon_y) = K(\hat{P}_A \varepsilon_y)$, donc $\hat{P}_A \hat{P}_H \varepsilon_y = \hat{P}_A \varepsilon_y$, l'égalité cherchée.

LE THÉORÈME DE NAÏM-DOOB

T30 THÉORÈME.- Soient u une fonction excessive telle que $L(1,u)<\infty$, μ l'unique mesure portée par F_m telle que $u=K\mu$, v une fonction excessive finie pp. Alors

1) μ-presque tout y est cofinement adhérent à E_u .

2) $\lim\limits_{x\to y, x\in E_u\setminus\{y\}} \text{cofine} \frac{v(x)}{u(x)}$ existe et est finie en μ-presque tout y tel que $\{y\}$ soit semi-polaire (en particulier , en μ-presque tout $y\in F'_m$).

$\lim\limits_{x\to y, x\in E_u} \text{cofine} \frac{v(x)}{u(x)}$ existe et est finie en μ-presque tout $y\in E$ tel que $\{y\}$ ne soit pas semi-polaire.

DÉMONSTRATION.- Nous allons raisonner en supposant que la fonction u est purement excessive : μ est alors portée par $\hat{D}$ On obtient le cas général en remplaçant le triplet $((U_p),(\hat{U}_p),\eta)$ par le nouveau triplet $((V_p),(\hat{V}_p),\theta)$ du n°18, ce qui rend u purement excessive sans changer la notion de coeffilement (et donc la notion de limite cofine). Quitte à normaliser, nous pouvons supposer que μ est une loi de probabilité . Les résolvantes $(U_p^{(u)})$ et $(\hat{U}_p)$ sont en dualité par rapport à $u.\eta$ (n°13) ; d'autre part, soit l'opérateur terminal de la résolvante $(\hat{U}_p)$: nous avons vu plus haut (cf. la démonstration de T17) que $\hat{U}(.,y)=\hat{L}(.,y)$ pour $y\in\hat{D}$, donc $u.\eta = \hat{U}\mu = \hat{L}\mu$ puisque μ est portée par $\hat{D}$. Munissons alors Ω de la loi $\hat{P}^{\mu}$, et désignons par $\hat{X}_t$ les coordonnées sur Ω ; on a $\hat{\zeta}<\infty$ p.s. (dém. de T17), et le processus $(X_t)_{t>0}$ obtenu par retournement à l'instant $\hat{\zeta}$ admet $(P_t^{(u)})$ comme semi-groupe de transition. Nous noterons $(\mu_t)_{t>0}$ sa loi d'entrée. La loi d'entrée d'un u-processus ne charge jamais $E\setminus E_u$.

Soit $x\in E_u\cap\{v<\infty\}$; si l'on munit Ω de $P^{x/u}$, le processus $(\frac{v}{u}\circ X_t)$ est une surmartingale continue à droite, qui est donc p.s. pourvue de limites à gauche . La limite à gauche à l'instant ζ existe donc $P^{x/u}$-p.s. En intégrant cela par rapport à μ_t (qui ne charge pas l'ensemble polaire $\{v=\infty\}$), puis en faisant tendre t vers 0, on voit que la limite à gauche à l'instant ζ existe p.s. pour le processus $(\frac{v}{u}\circ X_t)$ construit plus haut par retournement. Autrement dit, posons $\hat{Y}_t=\hat{X}_{t-}$ pour tout $t>0$, il vient que $\lim\limits_{t\to 0, t>0} \frac{v}{u}\circ\hat{Y}_t$ existe et est finie $\hat{P}^{\mu}$-p.s..

Posons $f=\frac{v}{u}$ sur E_u , $f=\infty$ sur $E\setminus E_u$, et sur Ω

$$\underline{f}(\omega) = \liminf_{t\to 0, t>0} f\circ\hat{Y}_t(\omega) \quad , \quad \overline{f}(\omega) = \limsup_{t\to 0, t>0} f\circ\hat{Y}_t$$

f est borélienne, et $\underline{f}$ et $\overline{f}$ sont universellement mesurables sur Ω. Montrons le par exemple pour $\underline{f}$: $\underline{f}$ est la limite, lorsque $n\to\infty$, de $\underline{f}_n(\omega) = \inf_{0<t<1/n} f\circ\hat{Y}_t(\omega)$; l'ensemble $\{\underline{f}_n<a\}$ est donc identique à $\{\exists t\in]0,\frac{1}{n}[: \hat{Y}_t\in\{f<a\}\}$, qui est universellement mesurable d'après le théorème de mesurabilité des temps d'entrée, le processus $(\hat{Y}_t)_{t>0}$ étant mesurable. Nous venons de prouver que $\hat{P}^{\mu}_{w}\{\overline{f}=\infty\}=0$, $\hat{P}^{\mu}_{w}\{\underline{f}<\overline{f}\}=0$. Il en résulte alors que pour μ-presque tout y on a $\hat{P}^{y}_{w}\{\overline{f}=\infty\}=0$, $\hat{P}^{y}_{w}\{\underline{f}<\overline{f}\}=0$. La première condition entraîne aussitôt que y est cofinement adhérent à E_u (et même que $E\setminus E_u$ est coeffilé en y). Plaçons nous ensuite en un $y\in\hat{D}$ où les deux conditions sont satisfaites, et notons que (d'après la loi de tout ou rien) la valeur commune de $\underline{f}$ et $\overline{f}$ est p.s. égale à une constante finie a. Soit H_ε l'ensemble borélien $\{|f-a|>\varepsilon\}$, pour $\varepsilon>0$; la seconde condition entraîne que

$$\inf\{t>0 : \hat{X}_{t-}\in H_\varepsilon\} > 0 \quad \hat{P}^{y}_{w}\text{-p.s.}$$

D'après T29, cela entraîne que H_ε est coeffilé en y pour tout $\varepsilon>0$. Si $y\in E$, et $\{y\}$ n'est pas semi-polaire, on a $\hat{X}_t=y$ pour des valeurs de t arbitrairement voisines de 0, donc $a=f(y)$, et on a $\lim_{x\to y} f(x)=f(y)$. Si $y\in F'\cap\hat{D}$, ou si $y\in E$ et $\{y\}$ est semi-polaire, on peut seulement affirmer que $\lim_{x\to y, x\neq y} f(x)=a<\infty$. Dans les deux cas, l'énoncé est établi.

APPENDICE

DÉMONSTRATION DU TH.19 DU CHAP.III

Contrairement à ce qui est annoncé dans le texte, cette démonstration n'est pas très longue.

1) Rappelons d'abord un fait qui vaut pour les semi-groupes standard et qui est démontré, par exemple, p.112 de ce cours (début de la démonstration de T21) : si A est une partie presque borélienne de E, et si $S= \inf \{ t \in]0,\zeta[: X_{t-} \in A \}$, on a $S \geq T_A$ p.s.. Il en résulte en particulier que si A est polaire, le processus (X_{t-}) ne rencontre p.s. pas A pour $t \in]0,\zeta[$.

2) Nous pouvons nous borner à démontrer les formules (1) et (2) dans le cas où A est un ensemble <u>totalement effilé</u> (XV.T29). Posons alors $T=T_1=T_A$, et par récurrence $T_n=T_{n-1}+T \circ \Theta_{T_{n-1}}$; alors $T_n \to \infty$ avec n, et l'ensemble des $t>0$ tels que $X_t \in A$ coïncide avec l'ensemble des valeurs des T_n. Choisissons une suite croissante (K_n) de compacts de A tels que $T_{K_n} \downarrow T_A$ $\underset{\sim}{P}^{\eta}$-p.s. ; l'ensemble $A \setminus \bigcup_n K_n$ est alors polaire (vérification facile), et par conséquent n'est pas rencontré par le processus (X_{t-}) pour $t \in]0,\zeta[$ d'après (1) ci-dessus. Il nous suffit donc de prouver le théorème pour chacun des K_n. Quitte à changer de notation, nous pouvons donc nous ramener au cas où A est un <u>compact totalement effilé</u>.

3) Soit (G_n) une suite décroissante d'ouverts contenant A, telle que $A= \bigcap_n \overline{G}_n$. Soit $x \notin A$; le caractère standard du processus entraîne que $D_{G_n} \uparrow D_A$ $\underset{\sim}{P}^x$-p.s. sur $\{D_A<\zeta\}$. Comme les G_n sont ouverts, $D_{G_n}= T_{G_n}$, et $D_A=T_A$ puisque $x \notin A$. D'autre part, on ne peut avoir $T_{G_n}=T_A$ sur $\{T_A<\zeta\}$: en effet, la répartition de X_{T_A} est portée par $A \cup reg(A)$ (XV.T12), donc par A puisque A est sans point régulier ; d'autre part d'après T18 la répartition de $X_{T_{G_n}}$ ne charge pas A. Donc T_{G_n} croît $\underset{\sim}{P}^x$-p.s. vers T_A , par valeurs strictement inférieures, sur $\{T_A<\zeta\}$.

Le caractère standard du processus entraîne alors que $X_{T_A}=X_{T_A-}$ $\underset{\sim}{P}^x$-p.s. sur $\{T_A<\zeta\}$, pour $x \notin A$ (donc presque partout, car un ensemble totalement effilé est de potentiel nul). Le lecteur vérifiera sans peine que la fonction $\underset{\sim}{P}^{\cdot} \{X_{T_A} \neq X_{T_A-}, T_A<\zeta\}$ est excessive : la variable aléatoire

R égale à T_A si $T_A<\zeta$, $X_{T_A-}\neq X_{T_A}$, à $+\infty$ sinon, est un temps terminal. Cette fonction excessive est nulle pp, donc partout, et il n'y a donc p.s. pas de discontinuité à l'instant $T_A=T_1$, quelle que soit la loi initiale. La propriété de Markov entraîne le même résultat pour chacun des instants T_n , et la formule (1) est établie.

4) Soit $S=\inf\{t\in]0,\zeta[\,:\, X_{t-}\in A\}$; nous avons vu dans la partie (1) de la démonstration que $S\geq T$ p.s.. Posons $S_n=S_{n-1}+S\circ\theta_{S_{n-1}}$, par récurrence ; la propriété de Markov forte entraîne que $S_n\geq T_n$, donc $S_n\to\infty$ p.s., et l'ensemble $\{t\in]0,\zeta[\,:\, X_{t-}\in A\}$ coïncide donc avec l'ensemble des valeurs des S_n . Il suffit donc de montrer qu'il n'y a p.s. pas de discontinuité à l'instant S_n, ou encore, par la propriété de Markov forte, que $X_S=X_{S-}$ p.s.. En vertu de la formule (1), il suffit que l'on prouve $X_S\in A$ p.s. pour toute loi initiale.

Or nous avons $S\geq T$ p.s. pour toute mesure initiale. En appliquant la propriété de Markov forte à l'instant T_{n-1} , nous en déduisons $S\geq T_n$ p.s. sur $\{S>T_{n-1}\}$. Autrement dit, les valeurs de S ne peuvent pas se trouver dans un intervalle ouvert $]T_{n-1},T_n[$: elles figurent donc parmi les valeurs des T_n, on a $X_S\in A$ p.s., et le théorème est établi.

SUR LA CONTINUITÉ À DROITE DES COPROCESSUS

Le texte ne distingue pas du tout suffisamment la topologie de E, et la topologie sur E induite par F, dans tout le chapitre V. Cet appendice a pour but de clarifier ce point.

a) Tout d'abord, dans le §1 , les théorèmes concernent F tout entier et la topologie de F. On peut leur apporter des compléments à cet égard

COMPLÉMENT À T8. Soit u un potentiel extrémal normalisé, et soit y l'unique point de E_P tel que $u=k_y$. Alors $X_{\zeta-}$ existe au sens de la topologie de E $\underset{\sim}{P}^{x/u}$-p.s. ($x\in E_u$), et vaut p.s. y.

En revanche , si $u=k_y$ ($y\in E_H$), ce résultat est faux. Voir plus loin.

COMPLÉMENT À T9. Soit u un potentiel normalisé, et soit $u=K\theta$ sa représentation de Martin (=Green). Soit μ une loi initiale portée par E_u. Alors $X_{\zeta-}$ existe p.s. et appartient à E, pour la topologie de E, et on a la formule de T9.

Nous démontrerons seulement le premier résultat. Pour en déduire le second, utiliser la démonstration de T9. Tout d'abord, si $z\in F_m$, k_z est harmonique : donc $u=k_y, y\in F_m \Rightarrow y\in E_P$, et y est unique (chap.III, T1). D'après T8, $X_{\zeta-} = y$ dans la topologie de F . Au sens de la topologie de E, la trajectoire ne peut donc avoir que deux valeurs d'adhérence à l'instant $\zeta-$: y et le point à l'infini, et tout revient à exclure le second cas. Autrement dit, il nous faut montrer que si (K_n) est une suite croissante de compacts dont les intérieurs recouvrent E, la probabilité de rencontrer K_n^c, pour la mesure $\underset{\sim}{P}^{x/u}$, tend vers 0 lorsque $n\to\infty$. Mais cette probabilité vaut $\frac{1}{u(x)} P_{K_n^c} u^x$, et elle tend bien vers 0 du fait que u est un potentiel. Le résultat est établi.

b) Au §2 , dans le raisonnement de T17, on peut utiliser le résultat qui vient d'être établi, et il apparaît que

<u>Si</u> $x\in E_P$, $\hat{X}_{0+}$ <u>existe et vaut</u> x $\underset{\sim}{\hat{P}}^x$<u>-p.s., au sens de la topologie</u> <u>de</u> E .

c) KUNITA-WATANABE énoncent le résultat suivant : si les coprocessus sont standard , E_H est vide. Or nous avons vu (T20) que les coprocessus sont toujours standard. Faut il en déduire que E_H est toujours vide ? Non, car KUNITA-WATANABE entendent le mot <u>standard</u> au sens de la topologie de E, et les coprocessus ne sont pas standard au sens de cette topologie (si $E_H\neq\emptyset$), par <u>manque de continuité à droite à l'instant</u> 0. Ils ne sont standard qu'au sens de la topologie de F.

En effet, soit $y\in E_H$. Soit K un voisinage compact de x <u>dans E</u> ; k_y étant harmonique, nous avons $P_{K^c}k_y = k_y$. Appliquant l'identité de HUNT (T22), il vient aussitôt

$$\hat{P}_{K^c}\varepsilon_y = \varepsilon_y$$

Ainsi, y est adhérent à K^c dans la topologie de F : en fait y et K^c communiquent "par l'infini" , et les trajectoires des coprocessus issus de y ont beaucoup de points hors de K pour t voisin de 0, et cependant sont très voisines de y au sens de la topologie de F. Cette situation n'a d'ailleurs rien de déplaisant : elle signifie simplement que la topologie de E était mal adaptée aux processus.

Offsetdruck: Julius Beltz, Weinheim/Bergstr

Lecture Notes in Mathematics

Bisher erschienen/Already published

Vol. 1: J. Wermer, Seminar über Funktionen-Algebren. IV, 30 Seiten. 1964. DM 3,80 / 0.95

Vol. 2: A. Borel, Cohomologie des espaces localement compacts d'après J. Leray. IV, 93 pages. 1964. DM 9,– / $ 2.25

Vol. 3: J. F. Adams, Stable Homotopy Theory. 2nd. revised edition. IV, 78 pages. 1966. DM 7,80 / $ 1.95

Vol. 4: M. Arkowitz and C. R. Curjel, Groups of Homotopy Classes. 2nd. revised edition. IV, 36 pages. 1967. DM 4,80 / $ 1.20

Vol. 5: J.-P. Serre, Cohomologie Galoisienne. Troisième édition. VIII, 214 pages. 1965. DM 18,– / $ 4.50

Vol. 6: H. Hermes, Eine Termlogik mit Auswahloperator. IV, 42 Seiten. 1965. DM 5,80 / $ 1.45

Vol. 7: Ph. Tondeur, Introduction to Lie Groups and Transformation Groups. VIII, 176 pages. 1965. DM 13,50 / $ 3.40

Vol. 8: G. Fichera, Linear Elliptic Differential Systems and Eigenvalue Problems. IV, 176 pages. 1965. DM 13,50 / $ 3.40

Vol. 9: P. L. Ivănescu, Pseudo-Boolean Programming and Applications. IV, 50 pages. 1965. DM 4,80 / $ 1.20

Vol. 10: H. Lüneburg, Die Suzukigruppen und ihre Geometrien. VI, 111 Seiten. 1965. DM 8,– / $ 2.00

Vol. 11: J.-P. Serre, Algèbre Locale. Multiplicités. Rédigé par P. Gabriel. Seconde édition. VIII, 192 pages. 1965. DM 12,– / $ 3.00

Vol. 12: A. Dold, Halbexakte Homotopiefunktoren. II, 157 Seiten. 1966. DM 12,– / $ 3.00

Vol. 13: E. Thomas, Seminar on Fiber Spaces. IV, 45 pages. 1966. DM 4,80 / $ 1.20

Vol. 14: H. Werner, Vorlesung über Approximationstheorie. IV, 184 Seiten und 12 Seiten Anhang. 1966. DM 14,– / $ 3.50

Vol. 15: F. Oort, Commutative Group Schemes. VI, 133 pages. 1966. DM 9,80 / $ 2.45

Vol. 16: J. Pfanzagl and W. Pierlo, Compact Systems of Sets. IV, 48 pages. 1966. DM 5,80 / $ 1.45

Vol. 17: C. Müller, Spherical Harmonics. IV, 46 pages. 1966. DM 5,– / $ 1.25

Vol 18: H.-B. Brinkmann und D. Puppe, Kategorien und Funktoren. XII, 107 Seiten, 1966. DM 8,– / $ 2.00

Vol. 19: G. Stolzenberg, Volumes, Limits and Extensions of Analytic Varieties. IV, 45 pages. 1966. DM 5,40 / $ 1.35

Vol. 20: R. Hartshorne, Residues and Duality. VIII, 423 pages. 1966. DM 20,– / $ 5.00

Vol. 21: Seminar on Complex Multiplication. By A. Borel, S. Chowla, C. S. Herz, K. Iwasawa, J.-P. Serre. IV, 102 pages. 1966. DM 8,– / $ 2.00

Vol. 22: H. Bauer, Harmonische Räume und ihre Potentialtheorie. IV, 175 Seiten. 1966. DM 14,– / $ 3.50

Vol. 23: P. L. Ivănescu and S. Rudeanu, Pseudo-Boolean Methods for Bivalent Programming. 120 pages. 1966. DM 10,– / $ 2.50

Vol. 24: J. Lambek, Completions of Categories. IV, 69 pages. 1966. DM 6,80 / $ 1.70

Vol. 25: R. Narasimhan, Introduction to the Theory of Analytic Spaces. IV, 143 pages. 1966. DM 10,– / $ 2.50

Vol. 26: P.-A. Meyer, Processus de Markov. IV, 190 pages. 1967. DM 15,– / $ 3.75

Vol. 27: H. P. Künzi und S. T. Tan, Lineare Optimierung großer Systeme. VI, 121 Seiten. 1966. DM 12,– / $ 3.00

Vol. 28: P. E. Conner and E. E. Floyd, The Relation of Cobordism to K-Theories. VIII, 112 pages. 1966. DM 9,80 / $ 2.45

Vol. 29: K. Chandrasekharan, Einführung in die Analytische Zahlentheorie. VI, 199 Seiten. 1966. DM 16,80 / $ 4.20

Vol. 30: A. Frölicher and W. Bucher, Calculus in Vector Spaces without Norm. X, 146 pages. 1966. DM 12,– / $ 3.00

Vol. 31: Symposium on Probability Methods in Analysis. Chairman. D. A. Kappos. IV. 329 pages. 1967. DM 20,– / $ 5.00

Vol. 32: M. André, Méthode Simpliciale en Algèbre Homologique et Algèbre Commutative. IV, 122 pages. 1967. DM 12,– / $ 3.00

Vol. 33: G. I. Targonski, Seminar on Functional Operators and Equations. IV, 110 pages. 1967. DM 10,– / $ 2.50

Vol. 34: G. E. Bredon, Equivariant Cohomology Theories. VI 64 pages. 1967. DM 6,80 / $ 1.70

Vol. 35: N. P. Bhatia and G. P. Szegö, Dynamical Systems. Stability Theory and Applications. VI, 416 pages. 1967. DM 24,– / $ 6.00

Vol. 36: A. Borel, Topics in the Homology Theory of Fibre Bundles. VI, 95 pages. 1967. DM 9,– / $ 2.25

Vol. 37: R. B. Jensen, Modelle der Mengenlehre. X, 176 Seiten. 1967. DM 14,– / $ 3.50

Vol. 38: R. Berger, R. Kiehl, E. Kunz und H.-J. Nastold, Differentialrechnung in der analytischen Geometrie IV, 134 Seiten. 1967. DM 12,– / $ 3.00

Vol. 39: Séminaire de Probabilités I. II. 189 pages. 1967. DM 14,– / $ 3.50

Bitte wenden / Continued

Vol. 40: J. Tits, Tabellen zu den einfachen Lie Gruppen und ihren Darstellungen. VI, 53 Seiten. 1967. DM 6.80 / $ 1.70

Vol. 41: A. Grothendieck, Local Cohomology. VI, 106 pages. 1967. DM 10.– / $ 2.50

Vol. 42: J. F. Berglund and K. H. Hofmann, Compact Semitopological Semigroups and Weakly Almost Periodic Functions. VI, 160 pages. 1967. DM 12,– / $ 3.00

Vol. 43: D. G. Quillen, Homotopical Algebra VI, 157 pages. 1967. DM 14,– / $ 3.50

Vol. 44: K. Urbanik, Lectures on Prediction Theory IV, 50 pages. 1967. DM 5,80 / $ 1.45

Vol. 45: A. Wilansky, Topics in Functional Analysis VI, 102 pages. 1967. DM 9,60 / $ 2.40

Vol. 46: P. E. Conner, Seminar on Periodic Maps IV, 116 pages. 1967. DM 10,60 / $ 2.65

Vol. 47: Reports of the Midwest Category Seminar I. IV, 181 pages. 1967. DM 14,80 / $ 3.70

Vol. 48: G. de Rham. S. Maumary et M. A. Kervaire, Torsion et Type Simple d'Homotopie. IV, 101 pages. 1967. DM 9,60 / $ 2.40

Vol. 49: C. Faith, Lectures on Injective Modules and Quotient Rings. XVI, 140 pages. 1967. DM 12,80 / $ 3.20

Vol. 50: L. Zalcman, Analytic Capacity and Rational Approximation, VI, 155 pages. 1968. DM 13.20 / $ 3.40

Vol. 51: Séminaire de Probabilités II. IV., 199 pages. 1968. DM 14,– / $ 3.50

Vol. 52: D. J. Simms, Lie Groups and Quantum Mechanics. IV, 90 pages. 1968. DM 8,– / $ 2.00

Vol. 53: J. Cerf, Sur les difféomorphismes de la sphère de dimension trois ($\Gamma_4 = O$). XII, 133 pages. 1968. DM 12,– / $ 3.00

Vol. 54: G. Shimura, Automorphic Functions and Number Theory. VI, 69 pages. 1968. DM 8,– / $ 2.00

Vol. 55: D. Gromoll, W. Klingenberg und W. Meyer, Riemannsche Geometrie im Großen VI, 287 Seiten. 1968. DM 20,– / $ 5.00

Vol. 56: K. Floret und J. Wloka, Einführung in die Theorie der lokalkonvexen Räume VIII, 194 Seiten. 1968. DM 16,– / $ 4.00

Vol. 57: F. Hirzebruch und K. H. Mayer, O(n)-Mannigfaltigkeiten, exotische Sphären und Singularitäten. IV, 132 Seiten. 1968. DM 10,80 / $ 2.70

Vol. 58: Kuramochi Boundaries of Riemann Surfaces. IV, 102 pages. 1968. DM 9,60 / $ 2.40

Vol. 59: K. Jänich, Differenzierbare G-Mannigfaltigkeiten. VI. 89 Seiten. 1968. DM 8,– / $ 2.00

Vol. 60: Seminar on Differential Equations and Dynamical Systems. Edited by G. S. Jones VI, 106 pages. 1968. DM 9,60 / $ 2.40

Vol. 61: Reports of the Midwest Category Seminar II. IV, 91 pages. 1968. DM 9,60 / $ 2.40

Vol. 62: Harish-Chandra, Automorphic Forms on Semisimple Lie Groups X, 138 pages. 1968. DM 14,– / $ 3.50

Vol. 63: F. Albrecht, Topics in Control Theory. IV, 65 pages. 1968. DM 6,80 / $ 1.70

Vol. 64: H. Berens, Interpolationsmethoden zur Behandlung von Approximationsprozessen auf Banachräumen. VI, 90 Seiten. 1968. DM 8,– / $ 2.00

Vol. 65: D. Kölzow, Differentiation von Maßen. XII, 102 Seiten. 1968. DM 8,– / $ 2.00

Vol. 66: D. Ferus, Totale Absolutkrümmung in Differentialgeometrie und -topologie. VI, 85 Seiten. 1968. DM 8,– / $ 2.00

Vol. 67: F. Kamber and P. Tondeur, Flat Manifolds. IV, 53 pages. 1968. DM 5,80 / $ 1.45

Vol. 68: N. Boboc et P. Mustată, Espaces harmoniques associés aux opérateurs différentiels linéaires du second ordre de type elliptique. VI, 95 pages. 1968. DM 8,60 / $ 2.15

Vol. 69: Seminar über Potentialtheorie. Herausgegeben von H. Bauer. VI, 180 Seiten. 1968. DM 14,80 / $ 3.70

Vol. 70: Proceedings of the Summer School in Logic Edited by M. H. Löb. IV, 331 pages. 1968. DM 20,– / $ 5.00

Vol. 71: Séminaire Pierre Lelong (Analyse), Année 1967-1968. VI, 166 pages. DM 14,– / $ 3.50

Vol. 72: The Syntax and Semantics of Infinitary Languages. Edited by J. Barwise. IV, 268 pages. 1968. DM 18,– / $ 4.50

Vol. 73: P. E. Conner, Lectures on the Action of a Finite Group. IV, 123 pages. 1968. DM 10,– / $ 2.50

Vol. 74: A. Fröhlich, Formal Groups. IV, 140 pages. 1968. DM 12,– / $ 3.00

Vol. 75: G. Lumer, Algèbres de fonctions et espaces de Hardy. En preparation.

Vol. 76: R. G. Swan, Algebraic K-Theory. IV, 262 pages. 1968. DM 18,– / $ 4.50

Printed in the United States
By Bookmasters